"十二五" 职业教育国家规划教材

经全国职业教育教材审定委员会审定

食品工厂设计

第二版

张一鸣　黄卫萍　主　编

化学工业出版社

·北京·

食品工业的发展亟须建立、壮大食品生产基地，食品工厂设计是其中一个重要的环节。食品工厂设计在高职高专人才培养中也是一门重要的综合训练课程。

本教材内容上紧密结合工厂建设实际，在简述食品工厂建设程序的基础上，突出食品工厂的厂址选择、总平面布置；其中结合肉品、乳品、饮料、速冻食品、啤酒等不同类型食品工厂的建设一线信息，重点讲解食品工厂的工艺设计，特别是设计数据、设计方法及设计步骤，并在设计中引入计算机绘图技术，符合生产实际；且图文并茂，实用性强。本书还介绍了项目可行性及辅助部门安排和技术经济分析内容，有利于学生进行毕业设计及顺利就业。本书配有电子课件，可从 www.cipedu.com.cn 下载使用。

本书可作为高职高专食品类专业教材，也可供食品企业及相关行业的管理和技术人员参考。

图书在版编目（CIP）数据

食品工厂设计/张一鸣，黄卫萍主编 . —2 版 . —北京：
化学工业出版社，2016.9 （2023.1重印）
"十二五"职业教育国家规划教材
ISBN 978-7-122-27644-5

Ⅰ.①食…　Ⅱ.①张…②黄…　Ⅲ.①食品厂-设计-高
等职业教育-教材　Ⅳ.①TS208

中国版本图书馆 CIP 数据核字（2016）第 165175 号

责任编辑：梁静丽　迟　蕾　李植峰　　　　　　　　　　装帧设计：张　辉
责任校对：宋　玮

出版发行：化学工业出版社（北京市东城区青年湖南街 13 号　邮政编码 100011）
印　　装：三河市延风印装有限公司
787mm×1092mm　1/16　印张 11½　字数 239 千字　2023 年 1 月北京第 2 版第 7 次印刷

购书咨询：010-64518888　　　　　　　　　　　售后服务：010-64518899
网　　址：http://www.cip.com.cn
凡购买本书，如有缺损质量问题，本社销售中心负责调换。

定　　价：28.00 元

《食品工厂设计》（第二版）编写人员名单

主　　编　张一鸣　黄卫萍

副 主 编　沈　健　邢要文　胡晓波

编写人员　（按照姓氏汉语拼音排列）

胡晓波（河南牧业经济学院）

黄卫萍（广西农业职业技术学院）

贾洪信（广东环境保护工程职业学院）

李俊华（河南农业职业学院）

马振兴（河南质量工程职业学院）

沈　健（广东轻工职业技术学院）

韦永乐（嘉兴市威尔肉类技术工程咨询有限公司）

吴季勤（武汉生物工程学院）

邢要文（嘉兴市威尔肉类技术工程咨询有限公司）

张　伟（江苏农牧科技职业学院）

张一鸣（河南牧业经济学院）

前　言

随着经济的发展、社会的进步，食品工业也随之快速发展，因而亟须建立和壮大食品生产基地，而其中一个重要的环节就是进行食品工厂设计。食品工厂设计也成为高职高专食品类相关专业培养食品行业技术技能型人才的一门综合训练课程。

本书第一版于 2008 年出版发行，是当时高职高专食品工厂设计为数不多的参考教材之一，因其内容突出实用性，符合高职院校以行动导向的教改模式，教材出版后受到了兄弟院校及广大师生的积极选用和好评。时隔八年，食品工厂设计课程改革以及食品行业又有了很多成熟的新技术及新成果，有必要将教材内容进行完善修订，使之更符合技能型人才培养需求。

第二版教材依据教育部《国家中长期教育改革和发展规划纲要（2010—2020 年）》和《关于加强高职高专教材建设的若干意见》等文件精神及要求修订编写。修订过程中坚持以应用为主旨，以能力为本位，进一步优化教材知识内容体系，突出内容的实用性以及教学方法的实践性。主要修订内容说明如下。

本次编写邀请了嘉兴市威尔肉类技术工程咨询有限公司、河南创新思念食品有限公司（遂平）、洛阳众品食业有限公司、郑州花花牛食品有限公司等食品企业的技术专家对书稿内容进行审定并提出修改意见，吸纳了食品工厂设计与建设最新的一线资料，重点完善了食品工厂工艺设计，特别是设计数据、设计方法及设计步骤等内容，并结合新技术的发展在设计中大量引入计算机绘图技术，彻底摆脱了烦琐的手工绘图，可为食品企业及相关行业提供重要参考。

基于校企合作已有成果，第二版教材中我们共同开发来自行业一线的实例内容，增加食品工厂建设项目的可行性研究方法内容，以及辅助部门安排及技术经济分析内容，可在教师和学生共同参与的实际设计过程中完成教学任务，教师在做中教，学生在做中练、做中学。设计与计算实例等注重强化学生的技能训练，全面培养学生的食品工厂设计技术技能和职业能力。

第二版教材适用于工学结合、任务引导以及"教、学、做"一体化的教学方式，相关院校可根据当地食品企业实际与教改需求灵活组织设计教学内容。

本书在修订过程中配套建设了丰富的数字化教学内容，包括电子教案、学生操作手册、图片库、在线习题等，可登录至 www.cipedu.com.cn 下载参考。

本教材在修订过程中参考了同行专家的文献和资料，特别是得到了嘉兴市威尔肉类技术工程咨询有限公司等食品企业提供的实际案例内容，在此向有关作者和单位表示深深的谢意！

由于编写水平和经验有限，加之食品工业发展迅速，书中疏漏和不妥之处在所难免，恳请各位同仁和读者赐教惠正。

编者

2016 年 2 月

第一版前言

随着经济的发展、社会的进步，食品工业也随之飞速发展，因此，急需建立和壮大食品生产基地，而其中一个重要的环节就是进行食品工厂设计。《食品工厂设计》也是高职高专培养高素质技能型人才的一门综合训练课程。

《食品工厂设计》是食品加工技术、食品机械与管理以及农牧畜产品加工等食品类专业的专业课程。作为一本高职高专《食品工厂设计》教材，本书充分考虑学生实际，紧密结合目前工厂建设情况，简单论述食品工厂建设程序，突出食品工厂的厂址选择、总平面布置；重点讲解食品工厂的工艺设计，特别是设计数据、方法及步骤。并且结合目前新技术的发展，在设计中大量引入计算机绘图技术，彻底摆脱烦琐的手工绘图。同时，为保证书稿内容的实用性，编者广泛深入肉品、乳品、饮料、速冻食品等生产一线搜集资料，充实本书内容，为学生毕业设计奠定坚实的基础，也为食品企业及相关行业提供一份难得的参考资料。

本书为省级示范专业使用教材，面向食品类专业编写，适用于高职高专学校的教学。通过本课程的学习，使学生掌握食品工厂建设的基本过程，学会项目的可行性研究方法，了解食品工厂厂址选择及总平面设计，掌握食品工厂的工艺设计，熟悉辅助部门安排及技术经济分析，并培养实际应用能力。各个学校可以根据各地的食品工业特点，灵活选取有关内容组织教学。本书也可作为从事食品加工技术专业人员的参考书。

本书共七章。第一章由武汉生物工程学院吴季勤编写；第二、七章由河南质量工程职业学院马振兴编写；第三章由信阳农业高等专科学校张孔海、郑州牧业工程高等专科学校张一鸣和胡晓波以及广西农业职业技术学院黄卫萍、浙江嘉兴威尔科技有限公司韦永乐编写；第四章由张一鸣、韦永乐编写；第五、六章由江苏畜牧兽医职业技术学院张伟编写。在初稿完成后，全体参编人员集体讨论修改，最后由主编定稿。在编写过程中得到了化学工业出版社和浙江嘉兴威尔科技有限公司等单位领导和同行们的真诚帮助，引用了大量公开发表的文献资料，在此一并向这些作者和为本书出版提供了帮助的人们致以衷心的谢意。

由于编者水平有限，加之食品工业发展迅速，书中疏漏和不妥之处在所难免，恳请各位同仁和读者赐教惠正。

编者

2008 年 5 月

目　　录

引　言

随着我国经济的不断发展以及人民生活水平的不断提高，食品工业也得到了快速发展。食品工厂建设是食品工业发展的基础，食品工厂是食品生产的必要条件，是食品卫生、安全、质量的物质保证。食品工厂建设的现状从某种角度来说也反映了一个国家经济和科学技术发展的水平，同时也反映着人民的生活水平。食品工厂建设是一项综合性的工作，涉及国家进步、地方发展，直接关系到人民的生命安全。食品工厂设计是食品工厂建设的一个重要环节，设计的成功与否，直接影响到建成食品厂的正常运转，决定着企业的效益，关系到项目的成败。因此，食品工厂设计在食品工业发展过程中有着极其重要的地位。

食品工厂设计是食品工厂建设的重要步骤，成功的食品工厂设计应该是经济上合理、技术上先进，投产之后，产品在质量和数量上均能达到设计要求，各项经济技术指标都能达到国内同类工厂的先进水平或国际先进水平。同时，在环境保护方面，必须符合国家及所在地区的有关规范和要求，在建设过程中和投产之后都不得有污染物排放，这是对食品企业最基本的要求。环境保护是工厂建设一票否决的因素，必须予以重视。在工厂建设过程和投产之后都不得有污染物排放，这是对食品企业最基本的要求。因此，环境保护措施是食品工厂设计的重要内容。

食品工厂设计是一门涉及经济和工程等诸多学科的综合性很强的技术科学。其内容包括工厂的总平面设计、工艺设计、动力设计、给排水设计、通风采暖设计、自控仪表、建筑、"三废"治理、技术经济分析及概算等专业设计。这些专业设计围绕着食品工厂设计的主题，按工艺要求分别进行。各专业设计人员需相互配合、密切合作，共同完成食品工厂的设计任务。在进行食品工厂设计时，除了在确定工艺流程、设备选型、车间布置和管线安排时必须遵循有关的法令和规范外，还要充分考虑到工人的劳动条件，尽可能减轻其劳动强度，使员工有一个良好的工作环境。要结合国情，尽可能采用国内外先进的科学技术，提高技术水平。

食品工厂的生产原料主要来源于农、牧、渔业，原料和产品种类复杂。人们长期的饮食习惯及传统节假日的形成，使得产品销售具有很强的季节性，因此造成食品工厂的生产季节性强。同时，食品是人们赖以生存的最基本条件，其卫生安全性与人的生命和健康密切相关。因此，要求食品生产有很高的卫生要求，这是食品工厂的显著特点。

从事食品工厂设计要有扎实的理论基础、丰富的实践经验和熟练的专业技能，特别是食品专业人员担负着原料选用、加工工艺确定、设备配套、车间布置和质量控制等核心工艺设计环节，还要掌握设计理论，具有较全面的知识及专业优势，较强的协调沟通能力及团队意识，并要随时掌握各相关学科的发展动向及本学科的新知识和新技术，将国内外新的科学技术成果在设计中得以体现，从而完成高质量的设计。

第一章 食品工厂建设概述

学习目标与要求

1. 了解基本建设情况及基本建设的主要过程。
2. 了解食品工厂建设项目的提出及项目建议书的内容。
3. 了解食品工厂建设项目可行性研究的依据和作用，掌握食品工厂建设项目可行性研究的内容、要求及特点。
4. 了解食品工厂设计的内容，特别是食品工厂工艺设计的内容。
5. 了解食品工厂建设项目施工建设过程及交付使用要求。

第一节 基本建设概述

基本建设是指固定资产的建筑、添置和安装，包括工厂、矿山、铁路、水库、商店等工程的建设，以及机械设备、车辆、船舶等的添置和安装，也包括机关、学校、医院等房屋、设备的建筑、添置和安装及居民住宅的建设等。基本建设是一项主要为发展生产奠定物质基础的工作，通过勘察、设计和施工以及其他有关部门的经济活动来实现。按经济内容可分为生产性建设与非生产性建设，按建设性质可分为新建、改建、扩建和恢复。

其内容主要包括：①建设工程，如各种房屋和构筑物的建设工程以及设备的基础、支柱的建筑工程等。②设备安装工程，如生产、动力等各种需要安装的机械设备的装配工程、装置工程。③设备、工具、器具的购置。④其他与固定资产扩大再生产相联系的勘察、设计等工作。

基本建设工作涉及面广，受到自然条件和物质技术条件的制约，相互之间协作配合的环节多，必须按计划有步骤、有秩序地进行，才能完成建设项目，达到预期的效果。而建设项目的完成和组织施工的实现必须以设计文件为依据，所以，从事工厂设计，首先必须了解工厂基本建设的程序和有关工厂设计的内容及要求。

随着市场经济的发展、投资主体的多元化，投资体制正在不断改革发展之中，现已由过去单一批准制度改为按不同投资主体、资金来源和项目性质分别进行批准制、核准制和备案制。项目从计划建设到建成投产，基本建设过程一般要经过以下几个阶段。

①根据国民经济发展的长远规划和布局要求，进行初步调查研究，提出项目建议书；

②组织、委托或招标有关单位，根据项目建议书进行项目论证，即进行可行性研

究，评估可行性研究报告，通过后，编制设计计划任务书；

③ 组织、委托或招标有关单位，根据设计计划任务书，进行勘察、设计；

④ 招标施工单位，进行施工、安装、试产，最后组织验收，交付使用。

提出项目建议书、进行可行性研究和编制设计计划任务书，统称建设前期；勘察、设计、施工、安装和试产验收，统称建设时期；交付生产后，称作生产时期。

第二节　食品工厂建设项目的提出

食品工厂建设项目的提出是工程建设程序的第一步，即根据国民经济发展的长远规划和工业布局要求，进行初步调查研究，而后提出书面的项目建议书。项目建议书是投资决策前对建设项目的轮廓设想，主要是从项目建设的必要性方面考虑，同时也初步分析项目的可行性。项目建议书的主要内容包括产品方案、市场分析、生产规模、投资额度、厂址选择、资源状况、建设条件、建设期限、资金筹措及经济效益和社会效益分析等。项目建议书是进行各项准备工作的依据，经有关部门批准后，即可展开可行性研究。

一、项目名称

＊＊＊（省、市等）＊＊＊（公司命名）食品有限公司

———☆☆☆☆※＃＃＃食品厂

其中：☆☆☆☆表示年产、班产、日产、日处理、日屠宰等；

　　　※表示吨、头等；

　　　＃＃＃表示肉品、乳品、饮料、速冻等。

二、项目建议书

项目建议书包括内容如下。

① 项目建设的目的和意义，即项目提出的背景和依据、投资的必要性及经济意义；

② 产品需求初步预测；

③ 产品方案和拟建规模；

④ 工艺技术初步方案（如原料路线、生产方法、技术来源等）；

⑤ 主要原料、燃料、动力的供应；

⑥ 建厂条件和厂址初步方案；

⑦ 公用工程和辅助工程的初步方案；

⑧ 环境保护；

⑨ 工厂组织和劳动定员；

⑩ 项目实施初步规划；

⑪ 投资估算和资金筹措方案；

⑫ 经济效益和社会效益的初步估算；

⑬ 结论与建议。

第三节 食品工厂建设项目的论证

食品工厂建设项目的论证就是对项目进行可行性研究。可行性研究是对一个项目的经济效果及价值的研究，其成果是根据各项调查研究的材料进行分析、比较而得出的，它的论证是以大量数据为基础来进行的。因此，在进行可行性研究时，必须搜集各种资料、数据作为开展工作的前提和条件。现分别从可行性研究的特点、依据、作用、步骤、可行性报告书的内容和有关注意事项进行介绍。

一、可行性报告的特点

1. 先行性

可行性研究既不是分析在建项目的技术经济效果，也不是当项目方案确定后为寻找论证依据而进行的调查，而是在项目决策之前进行的研究。可行性研究是项目建设前期的工作重点，只有在可行性报告被审批后，正式投资才能开始。

2. 不定性

可行性研究顾名思义就是要研究项目的可行与不可行，若可行确定可行性的大小，其结果有可行与不可行两种可能。通过研究为拟建项目的上马提供充分的科学依据，当然是一种成功之举；通过研究否定了不可行方案，制止了不合理项目的上马，避免了大的浪费，同样也是成功的可行性研究，这对于重大项目的决策尤为重要。

3. 科学性

可行性研究对拟建项目进行技术经济论证，对项目涉及的多方位关系进行论证，以形成一套系统的理论、科学的方法和完善的指标体系。

4. 法定性

在某些工业发达国家，对投资项目进行可行性研究早已成为技术前期的必要程序。在我国，也明确规定了可行性研究"是建设前期的重要内容，是基本建设程序中的重要组成部分"。同时规定"对所有建设项目必须严格按照基本程序办事，事前没有进行可行性研究和技术论证，没有做好勘察设计等建设前期工作的，一律不能列入年度建设计划，更不准仓促开工。违反这个规定的必须追究责任"，可行性研究在我国具有法定性。另外，负责可行性研究的单位，要经过资格审查，要对工作成果的可靠性承担责任，包括法律责任。

二、可行性研究的主要依据

① 经济项目的实施必须符合国家经济建设的方针、政策和长远规划。可行性研究如果离开这些宏观的经济指导，就不可能很好地评价建设项目的实际价值。所以，在可行性研究中，对产品的要求、协作配合、综合平衡等问题，都需要从长远规划的角度来考虑。

② 根据经有关部门批准后的项目建议书，方可开展可行性研究。

③ 以国家有关部门正式批准的资源报告及其有关的各种规划为依据。

④ 要有可靠的自然、地理、气象、地质、经济、社会等基础资料。这些资料是可行性研究中进行厂址选择、项目设计和经济技术评价必不可少的。

⑤ 有关工程技术方面的标准、规范、指标等，在做可行性报告研究中考虑技术方案时，都要以它们作为基本依据。

⑥ 根据国家公布的用于进行项目评价的有关参数、指标等进行可行性研究。可行性研究在进行财务、经济分析时，需要有一套参数、数据和指标，如基准收益率、折现率、折旧率、社会折现率、外汇汇率等的调整等。所采用的这些参数应是国家公布实行的。

三、可行性研究的作用

可行性研究是基本建设的首要环节，它的主要作用有以下几个方面。

① 作为建设项目投资决策和编制设计任务书的依据。决定一个建设项目是否应该进行建设，主要是根据这个项目的可行性研究结果。因为它对建设项目的目的、建设规模、产品方案、生产方法、原料来源、建设地点、工期和经济效益等重大问题都进行了具体研究，有了明确的评价意见。因此，可作为编制设计任务书的依据。

② 作为向银行申请贷款的依据。世界银行等国际金融组织在 20 世纪 70 年代后都把可行性研究作为建设项目申请贷款的先决条件。只有在他们审查可行性研究报告后，认为这个建设项目经济效益好，具有偿还能力，不会承担很大风险时，才同意贷款。中国各投资银行也明确规定，根据企业提供的可行性研究报告，对贷款项目进行全面、细致地分析评价后才能确定是否给予贷款。

③ 作为与建设项目有关部门商谈合同和协议的依据。一个建设项目的原料、辅助材料、协作条件、燃料及供电、供水、运输、通信等很多方面都需与有关部门协作，供应协议和合同都是根据可行性报告签订的。对于技术引进和设备进口项目，国家规定必须在可行性研究报告经过审查和批准后，才能同国外厂商正式签约。

④ 作为建设项目开展初步设计的基础。在可行性研究中，对产品的方案、建设规模、厂址选择、工艺流程、主要设备选型、总平面布置等方面都需进行方案比较和论证，确定原则，推荐建设方案。可行性研究和设计任务书经批准下达后，初步设计工作必须以此为基础，一般不另作方案比较和重新论证。

⑤ 作为拟采用新技术、新设备研制计划的依据。建设项目采用新技术、新设备必须慎重，只有在经过可行性研究，证明这些新技术、新设备是可行的，方能拟定研制计划，进行研制。

⑥ 作为安排基本建设计划和开展各项建设前期工作的参考。

⑦ 作为环保部门审查建设项目对环境影响的依据。根据我国基本建设项目环境保护管理办法规定，在编制可行性研究时，必须对环境影响做出评价，在审批可行性研究报告时，要同时审查环境保护方案。

四、可行性研究的步骤

可行性研究的内容涉及面很广，既有工程技术问题，又有经济财务问题，在进行这项工作时，一般应有工业经济、市场分析、工业管理、工艺、设备、土建和财务等方面的专业人员参加。此外,还可以根据需要,请一些其他专业人员,如地质、土壤、实验室等相关人员短期协助工作。可行性研究分为以下 6 个步骤。

1. 开始筹划

这个时期要了解项目提出的背景,了解可行性研究的主要依据,理解委托者的目标和意图,讨论研究项目的范围、界限,明确研究内容,制定工作计划。

2. 调查研究

主要是实地调查和技术经济研究工作。前者包括市场研究、经济规模研究、原材料、能源、工艺技术、设备选型、运输条件、外围工程、环境保护和管理人员培训等。每项调查研究都要分别做出评价。

3. 优化和选择方案

这是可行性研究的一个主要步骤,要把前一阶段每一项调查研究的各个不同方面的内容进行组合,设计出几种可供选择的方案,决定选择方案的重大原则问题和选择标准,并经过多方案的分析比较,推荐最佳方案。对推荐方案进行评价,对放弃的方案说明理由。对一些方案选择的重大原则问题,要与委托者进行深入地讨论。

4. 详细研究

详细研究是对上阶段研究工作的验证和继续。要对选出的最佳方案进行更详细地分析研究,复查和核定各项分析资料,明确建设项目的范围、投资、经营的范围和收入等数据,并对建设项目的经济和财务特性做出评价。经过分析研究,要说明所选方案在设计和施工方面是可以顺利实现的,在财务、经济上是有利的,是令人满意的一个方案。为检验建设项目的效果和风险,还要进行敏感性分析,表明成本、价格、销售量、建设工期等不确定因素变化时,对企业收益率所产生的影响。

5. 资金筹措

筹措资金的可能性,在可行性研究之前就应有一个初步的估计,这也是财务经济分析的基本条件。如果资金来源得不到保证,可行性研究也就没有多大的意义。在这一步骤中,应对建设项目资金来源的不同情况进行分析比较,最后对拟建设项目的实施计划做出决定。

6. 编写报告书

见下文。

五、可行性研究报告书的内容

可行性研究报告书的内容随行业不同有所差异,侧重点各有不同,但其基本内容是相同的,工业项目的可行性研究报告书一般要求具备以下主要内容。

1. 总论

① 项目提出的背景,投资的必要性和经济意义;

② 研究工作的依据和范围;

③ 研究工作概况及结论。

2. 需求预测和拟建规模

① 国内外需求情况的预测;

② 国内现有同类食品工厂生产能力估计；

③ 销售预测、价格分析、产品竞争能力，进入国际市场的前景；

④ 拟建项目的规模、产品方案和发展方向的技术经济比较和分析。

3. 资源、原材料、燃料及公用设施情况

① 原料、辅助材料以及燃料的种类、数量、来源和供应可能；

② 所需公用设施的数量、供应方式和供应条件。

4. 建厂条件和厂址方案

① 建厂的地理位置、气象、水文、地质、地形条件和社会经济现状；

② 交通运输及水、电、汽的现状和发展趋势；

③ 厂址比较与选择意见。

5. 设计方案

① 项目构成范围（指包括的单项工程）、技术来源和生产方法；主要技术工艺和设备选型方案的比较，引进技术、设备的来源；改扩建项目要说明对原有固定资产的利用情况；

② 全厂布置方案的初步选择和土建工程量的估算；

③ 公用辅助设施和厂内外交通运输方式的比较和初步选择。

6. 环境保护

调查环境现状，预测项目对环境的影响，提出工艺过程中的保护措施和"三废"治理的初步方案。

7. 企业组织、劳动定员和人员培训（估算数）

8. 实施进度建议

9. 投资估算和资金筹措

① 主体工程和协作配套工程所需的投资估算；

② 生产流动资金估算；

③ 资金来源、筹措方式及贷款偿还方式。

10. 社会及经济效果评价

六、可行性研究应注意的事项

1. 可行性研究应具有科学性和独立性

在进行可行性研究时，必须坚持实事求是的原则，在调查的基础上，作多方案的比较，按客观实际情况进行论证和评价。不能把可行性研究当成一种目的，为了"可行"而"研究"，以它作为争投资、上项目、列计划的"通行证"。可行性研究是一种科学的方法，必须保持编写单位的客观立场和公证性。只有这样，才能保证可行性研究的科学性和严肃性，才能为正确的投资决策提供科学的依据。

2. 可行性研究的深度要符合要求

可行性研究的内容和深度，虽然不同行业和不同项目各有侧重，但基本要求是：内容必须完整，文件必须齐全，其深度能满足确定投资决策和以上所述的各项要求。内容和深度是否达到国家规定标准，直接关系到可行性研究的质量。那种内容简单、材料不充分、缺乏分析和论证的"报告"，不能称之为可行性研究。食品工业项目的可行性研究内容应按上述编制，才能保证可行性研究的质量，发挥其应有的作用。

3. 承担可行性研究工作的单位应具备的条件

可行性研究工作目前可以委托或招标经国家有关部门正式颁发证书的设计单位或工程咨询公司承担。由双方签订合同，明确研究工作的范围、前提条件、进度安排、费用支付方法以及协作方式等内容，如果发生问题，可按合同追究责任。委托单位向承担单位提交项目建议书，说明对拟建项目的基本设想以及资金来源的初步打算，并提供基础资料。为保证可行性研究成果的质量，应保证必要的工作周期，不能采取突击方式，草率拿出成果。

4. 可行性研究报告的审批办法

可行性研究报告编制完成后，由委托单位组织有关部门、有关专家，结合研究单位的说明及对问题的回答，进行项目评估，提出意见，完成修改，通过评审；或否定报告，项目评审未通过。

现在，随着市场经济的深入发展，民营企业、合资企业等各类食品企业如雨后春笋般地发展起来，建设项目的审批程序也有所变化。国内有一些项目建设单位，在审批自己的建设项目时，在可行性研究的基础上，再做一次不可行研究，通过组织专家来否定项目，若否定不了，说明项目是成立的，这更证明项目是可行的，从而进一步增加了项目建设单位投资项目的决心和信心。最近几年，不少项目的教训使我们深深体会到，要保证项目建设单位决策准确，投资正确，达到项目预期的建设效果，减少盲目投资，不可行性研究这一做法值得大力提倡。

第四节　食品工厂建设项目的设计

完成了项目的可行性研究，并通过评审，确立了项目可行。进行食品工厂设计前，需由项目主持单位组织有关人员，根据可行性研究报告，结合项目要求，编制设计计划任务书。并进一步制定招标文件，通过公开招标确定设计单位。

一、编制设计计划任务书的内容

编制设计计划任务书的主要目的是根据可行性研究报告的结论，提出建设一个食品工厂的计划，它的内容大致如下。

1. 建厂理由

介绍原料供应、产品生产及市场销售三方面的平衡。同时说明建厂投产后的社会及经济效益（调查研究的主要结论）。

2. 建厂规模

年产量、生产范围及发展远景。若分期建设，则应说明每期投产能力及最终能力。

3. 产品

产品品种、规格标准和各种产品的产量。

4. 生产方式

提出主要产品的生产方式，应说明这种方式在技术上是先进的、成熟的、有根据的，并对主要设备提出订货计划。

5. 工厂组成

新建厂包括哪些部门，有哪几个生产车间及辅助车间，有多少仓库，用哪些交通工具等。还有哪些半成品、辅助材料或包装材料是与其他单位协同解决的，以及工厂中人员的配备和来源等。

6. 工厂总的占地面积和地形图

7. 工厂总的建筑面积和要求

8. 公用设施

给排水、电、汽、通风、采暖及"三废"治理等要求。

9. 交通运输

说明公路、水路、铁路、航空等交通运输条件，需要多少场内外运输设备。

10. 投资估计

包括各方面的总投资。

11. 建厂进度

设计、施工安排，何时完工、试产，何时正式投产。

12. 估算建成后的经济效果

设计计划任务书中经济效益应着重说明工厂建成后应达到的各项技术经济指标和投资效果系数。投资效果系数表示工厂建成投产后每年所获得的利润与投资总额的比值。投资效果系数越大，说明投资效果越好。

技术经济指标包括产量、原料消耗、产品质量指标、生产每吨成品的水电汽耗量、生产成本及利润等。

二、编写设计计划任务书时应注意的问题

① 矿山资源、工程地质、水文地质的勘探、勘察报告，要有主管部门的正式批准文件。

② 主要原料、材料和燃料、动力需要外部供应的，要有供应单位或主管部门签署的协议文件或意见书。

③ 交通运输、供排水、市政公用设施等的配合，要有协作单位或主管部门草签的协作意见书或协议文件。

④ 建设用地要有当地政府同意接受的意向性协议文件。

⑤ 产品销路、经济效果和社会效益应有技术、经济负责人签署的调查分析和论证的计算资料。

⑥ 环境保护情况要有环保部门的鉴定意见。

⑦ 采用新技术、新工艺时，要有技术部门签署的技术工艺成熟、可用于工程建设的鉴定书。

⑧ 建设资金来源，如中央预算、地方预算内统筹、自筹、银行贷款、合资联营、利用外资等各种情况均需注明。凡银行贷款的，应附上有关银行签署的意见。

三、设计工作

项目设计是在项目产品、规模和厂址确定的情况下，运用集体智慧，发挥个人能力，采用文字、图、表及模型等手段说明食品工厂的全貌。

设计单位接受设计任务后，根据项目大小、特点和要求，结合单位情况，组成设计组或项目组，制定研究方案、设计进程等计划。设计工作必须以已批准的可行性报告、设计计划任务书及其他有关资料为依据。产品、规模和厂址是工厂设计的前提。只有规模和厂址方案都确定了，才能进行工厂设计。工厂设计完成后，才能进行投资和成本概算工作。

1. 设计准备

设计准备主要是成立设计组织，充分收集资料。

① 收集已有资料。包括项目提出资料、项目论证资料、相关设计资料、产品生产工艺资料以及配用设备资料等。

② 到拟建项目现场收集资料。设计者到现场对有关资料进行核实，对不清楚的问题加以了解。例如拟建食品厂厂址的地形、地貌、地物情况，四周是否有特殊的污染源，以及水源水质问题等。要从当地水、电、热、交通运输部门了解对新建食品工厂的约束。要了解当地的气候、水文、地质情况，同时向有关单位了解工厂所在地的发展方向，新厂与有关单位协作分工的情况及建筑加工的预算价格等。

③ 到同类工厂或同类工程项目所在地考察一些技术性、关键性资料，以备参考。

④ 从政府有关部门收集与项目有关的国民经济发展规划、城市发展规划、环境保护执行标准、基础设施现状与规划资料等。

2. 设计

食品工厂的设计工作一般是在收集资料后进行的。拟定设计方案，采用二阶段设计，即初步设计和施工图设计。

(1) 初步设计　初步设计是对项目在设计范围内做详细全面的计算和安排，说明食品厂的全貌，但图纸深度不深，还不能作为施工指导。内容一般包括总论、技术经济、总平面布置及运输、工艺、自动控制、测量仪表、建筑结构、给排水、供电、供汽、供热、采暖、通风、空压站、氮氧站、冷冻站、环境保护及综合利用、维修、中心实验室、仓库（堆场）、劳动保护、生活福利设施和总概算等部分。

① 初步设计的深度要求。

• 满足对专业设备和通用设备的订货要求，提出委托设计或试制的技术要求；

• 满足主要建筑材料、安装材料（钢材、木材、水泥、大型管材、高中压阀门及贵重材料等）的估算数量和预算安排要求；

• 控制基本建设投资；

• 征用土地；

• 确定劳动指标；

• 核定经济效益；

• 设计审查；

• 建设准备；

・满足编制施工图的设计要求。

② 初步设计文件的编制内容。根据初步设计的深度要求，设计人员通过设计说明书、附件和总概算书三部分，对食品厂整个工程的全貌（如厂址、全厂面积、建筑形式、生产方法与方式、产品规格、设备选型、公用配套设施和投资总数等）作出轮廓性的设计和描述。把初步设计说明书、附件和总概算书总称为"初步设计文件"。

初步设计说明书中有按总平面、工艺、建筑等各部分分别进行介绍的内容；附件中包括图纸、设备表、材料表等内容；总概算书是将整个项目的所有工程费和其他费用汇总编写而成。下面以某车间初步设计文件中工艺部分的内容为例加以说明。

a. 初步设计说明书。说明书的内容应根据食品工厂的特点、工程的繁简条件和车间的多少分别进行编写。其内容如下。

・概述。说明车间设计的生产规模、产品方案、生产方法、工艺流程特点；论证其技术先进性、经济合理性和安全可靠性；说明论证的根据和多方案比较的要求；以及车间组成、工作制度、年工作日、日工作小时、生产班数、连续或间歇生产情况等。

・成品或半成品的主要技术规格或质量标准。

・生产流程简述。叙述物料经过工艺设备的顺序及去向，产品及原料的运输和储备方式；说明主要操作技术条件，如温度、压力、流量、配比等参数（如果是间歇操作，需说明一次操作的加料量、生产周期及时间）；说明易爆工序或设备的防护设施和操作要点。

・说明采用新技术的内容、效益及其试验鉴定经过。

・原料、辅助材料、中间产品的费用及主要技术规格或质量标准。单位产品的原材料、动力消耗指标（如水、电、汽）与国内产品已达到的先进指标的比较说明。

・主要设备选择。主要设备的选型、数量和生产能力的计算，论证其技术先进性和经济合理性。需引进设备的名称、数量及说明。

・物料平衡、热能平衡图及说明。

・节能措施及效果。

・室外工艺。管道有特殊要求的应加以说明。

・存在问题及解决办法和意见。

b. 附件

・设备表。

・材料估算表。

・图纸。包括工艺流程图、车间布置图、自行设计的关键设备草图等。

・总概算书。

（2）施工图设计　初步设计文件经评审通过后，就要进行施工图设计。在施工图设计中只是对已批准的初步设计在程度上进一步深化，使设计更具体、更详细地达到施工指导的要求。施工图是用图纸的形式使施工者了解设计意图，以及使用什么材料和如何施工等。在施工图设计时，对已批准的初步设计，在图纸上应将所有尺寸都标注清楚，便于施工。而在初步设计中只标注主要尺寸。在施工图设计时，允许对已批准的初步设计中发现的问题做修正和补充，使设计更合理化，但对主要设备等不做更改。若要更改时，必须经过批准部门同意方可；在施工图设计时，应有设备和管道安装图、各种大样图和标准图等。在食品工厂工艺设计中的车间管道平面图、车间管道透视图及管道支架详图等都属于工艺设计施工图。对于车间平面布置图，若无更改，则将图中所有尺寸标注清楚即可。

在施工图设计中，不需另写施工图设计说明书，而一般将施工说明书写在有关的施工图上，所有文字必须简单明了。

工艺设计人员不仅要完成工艺设计施工图，而且还要向有关设计工种提出各种数据和要求，使整个设计和谐、协调。施工图完成后，交付施工单位施工。设计人员需要向施工单位进行技术交底，对相互不了解的问题加以沟通磋商。如按施工图施工有困难时，设计人员应与施工单位共同研究解决办法，必要时在施工图上做合理的修改，以使施工顺利进行，直到安装完成。当安装完成后，设计单位还必须与甲方及施工单位一起试车运行，验证所选用的设备是否达到预期的效果。而后再由甲（食品工厂筹建单位）、乙（设计单位）、丙（施工单位）三方在有关部门、专家的主持下共同验收签字。并做好竣工图的存档工作。

工厂设计是技术、工程、经济的结合体，设计采用的技术先进与否，工程施工是否可行，施工后工程质量是否完好，是否经济合理，一句话，基建项目必须达到预定的效果，只允许成功，不允许失败，更不允许作为试验的手段。因此，在工厂设计中所采用的先进技术必须是成熟的。科研是先进技术的先导，科研成果必须经过中试、放大后才能应用到设计中来，这样才能发挥先进技术的优越性。现在国内外有很多设计单位，为了采用先进技术，承担"技术开发"工作，将科研成果根据需要进行放大试验，经改进提高，成为生产性技术，这是设计单位非常重要的工作内容。科研成果的中试、放大虽不是设计本身的工作，但为设计提供了新技术和新设备，从而提高了设计水平和经济效益。

在设计工程中涉及到一些相关部门，如城市规划、质量技术监督、卫生监督环境保护、消防和防空等，设计单位有责任按各部门的规范和指标进行设计，从而保证正常生产。

3. 食品工厂设计

工厂设计包括工艺设计和非工艺设计两大部分。

（1）工艺设计　所谓工艺设计，就是按工艺要求进行工厂设计，其中又以车间工艺设计为主，并对其他部门提出各种数据和要求，作为非工艺设计的设计依据。食品工厂工艺设计中的内容大致包括：全厂总体工艺布局；产品方案及班产量的确定；主要产品和综合利用产品生产工艺流程的确定；物料计算；设备生产能力的计算、选型及设备清单；劳动力计算及平衡；水、电、汽、冷、风、暖等用量的估算；车间平面布置；管道布置、安装及材料清单；施工说明等。工艺设计除了上述内容外，还必须提出：工艺对平面布置中相对位置的要求；对车间建筑、采光、通风、卫生设施的要求；对生产车间的水、电、汽、冷等的耗量及负荷进行计算；对给水水质的要求；对排水和废水水质处理的要求；对各类仓库面积的计算及仓库温度的特殊要求等。

（2）非工艺设计　包括总平面、土建、采暖、通风、给排水、供电及自控、制冷、动力、环保等设计，有时还包括设备的设计。非工艺设计都是根据工艺设计的要求和所提出的数据进行设计的。它们之间的相互关系是：工艺向土建提出工艺要求，而土建给工艺提供符合工艺要求的建筑；工艺向给排水、电、汽、冷、暖、风等提出工艺要求和有关数据，而水、电、汽等又反过来为工艺提供有关车间安装图；土建对给排水、电、汽、冷、暖、风等提供有关建筑，而给排水、电、汽等又给建筑提供有关涉及建筑布置的资料；用电各工程工种如工艺、冷、风、汽、暖等向供电提出用电资料，用水各工程工种如工艺、冷、风、汽、消防等向给排水提供用水资料。整个设计涉及工种多，而且纵横交叉，所以，各工种的相互配合是搞好工厂设计的关键。

第五节　食品工厂建设项目的建设、投产

食品工厂筹建单位（甲方）根据经过评审的可行性研究报告和设计文件，落实物资、设备、建筑材料的供应来源，办理征地、拆迁、落实水电及道路等外部施工条件和招标施工企业，做好建设准备，具备施工条件后，才能施工。

施工单位（合同上的"丙方"）应根据设计单位（乙方）提供的施工图，编制施工预算和施工组织计划。施工预算如果突破设计概算，要讲明理由，上报有关单位批准。

施工前要认真做好施工图的会审工作，明确质量要求，施工中要严格按照设计要求和施工验收规范进行，确保工程质量。

筹建单位在建设项目完成后，应及时组织专门班子或机构，抓好生产调试和生产准备工作，保证项目在工程建成后能及时投产。要经过负荷运转和生产调试，以期在正常情况下能够生产出合格产品，还要及时组织验收。

竣工项目验收前，建设单位要组织设计、施工等单位先行验收，向有关部门提出验收报告，并系统整理技术资料，绘制竣工图，在竣工验收后作为技术档案，移交生产单位保存。建设单位要认真清理所有财产和物质，编好工程竣工决算，报有关部门审查。

竣工项目验收交接后，应迅速办理固定资产交付使用的转账手续，加强固定资产的管理。

【思考题】

1. 什么是基本建设？

2. 基本建设的主要过程有哪些？

3. 如何提出一个项目？需考虑哪几方面的问题？试举几个项目？

4. 食品工厂建设项目可行性研究的内容有哪些？依据有哪些？

5. 如何进行食品工厂建设项目的可行性研究？

6. 进行食品工厂建设项目的可行性研究时，如何收集研究资料？

7. 食品工厂设计的内容有哪些？工艺设计的内容有哪些？工艺设计和非工艺设计的关系如何？

8. 食品工厂设计的步骤有哪些？有哪些要求？

9. 简述食品工厂建设过程及注意事项？

10. 提出一个食品工厂建设项目，写出项目建议书，进行可行性研究，并简述建设过程。

第二章 厂址选择及总平面设计

学习目标与要求

　　1. 了解厂址选择的原则和方法，能够进行食品厂厂址选择，写出厂址选择报告。

　　2. 了解食品工厂的组成和总平面设计的内容。

　　3. 掌握总平面设计的基本原则。

　　4. 了解总平面设计的一般方法，能够进行食品工厂平面布置，画出总平面布置图。

第一节　厂址选择

　　食品工厂的建设必须根据拟建设项目的性质，对建厂地区及地址的相关条件进行实地考察和论证分析，最后确定食品工厂建设地点。项目建设的条件是保证项目建设和生产经营顺利进行的必要条件，包括项目本身的建设施工条件和项目建成后交付使用的生产经营条件。项目建设的条件既包括项目本身系统内部的条件，也包括与项目建设有关的外部协作条件，项目建设条件的重点是项目建设的外部条件，包括项目建设的资源条件、厂址条件和环境条件等。

一、厂址选择的基本原则和方法

　　1. 厂址选择的重要性

　　厂址选择是指在相当广阔的区域内选择建厂的地区，并在地区、地点范围内从几个可供考虑的厂址方案中选择最优厂址方案的分析评价过程。从某种意义上讲，厂址条件选择是项目建设条件分析的核心内容。项目的厂址选择不仅关系到工业布局的落实、投资的地区分配、经济结构、生态平衡等，并且是具有全局性、长远性的重要问题，将直接或间接地决定着项目投产后的生产经营及经济效益。所以，厂址选择问题是项目投资决策的重要一环，必须从国民经济和社会发展的全局出发，运用系统的观点和科学的方法来分析评价建厂的相关条件，正确选择建厂地址，实现资源的合理配置。

　　2. 厂址选择的基本原则

　　① 厂址的地区布局应符合区域经济发展规划、国土开发及管理的有关规定。

　　② 厂区的自然条件，如气候、水文、地质、地形地貌、水源及能源等条件要符合建设要求。

　　③ 厂址选择应按照指向原理，根据原料、市场、能源、技术、劳动力等生产要素

的相对区位来综合分析确定。

④ 厂址选择要考虑交通运输和通信设施等条件。

⑤ 厂址选择要便于利用现有的生活福利设施、卫生医疗设施、文化教育和商业网点等设施。

⑥ 厂址选择要注意环境保护和生态平衡，注意保护自然风景区、名胜古迹和历史文物。

3. 厂址选择的方法

（1）方案比较法　这种方法是通过对项目不同选址方案的投资费用和经营费用的对比，作出选址决定。它是一种偏重于经济效益方面的厂址优选方法。其基本步骤是先在建厂地区内选择几个厂址，列出可比较因素，进行初步分析比较后，从中选出两三个较为合适的厂址方案，再进行详细的调查、勘察。并分别计算出各方案的建设投资和经营费用。其中，建设投资和经营费用均为最低的方案为可取方案。如果建设投资和经营费用不一致时，可用追加投资回收期的方法来计算。

（2）评分优选法　这种方法可分三步进行。首先，在厂址方案比较表中列出主要判断因素；其次，将主要判断因素按其重要程度给予一定的比重因子和评价值；最后，将各方案所有比重因子与对应的评价值相乘，得出指标评价分，其中评价分最高者为最佳方案。

（3）最小运输费用法　如果项目几个选择方案中的其他因素都基本相同，只有运输费用不同，则可用最小运输费用法来确定厂址。

最小运输费用法的基本做法是分别计算不同选址方案的运输费用，包括原材料、燃料的运进费用和产品销售的运出费用，选择其中运输费用最小的方案作为选址方案。在计算时，要全面考虑运输距离、运输方式、运输价格等因素。

二、厂址选择报告

厂址选择报告的编写内容可按《轻工业建设项目厂（场）址选择报告编制内容深度规定》（QBJS 20）执行。内容包括如下各项。

1. 选厂依据及简况

说明依据的项目建议书及批文；建厂条件；选址原则；选址的范围、选址经过。

2. 拟建厂（场）基本情况

包括工艺流程概述及对厂址的要求，"三废"治理及污染物处理后达标及排放情况。详细条目见表 2-1。

表 2-1　拟建厂（场）基本条件表

序号	基本条件			
1	生产规模			
2	主要产品			
3	投资/万元	总投资	其中固定资产	设备及安装占　　　　%
				土建占　　　　%
4	职工人数/人	总人数	其中工人	

序号	基 本 条 件						
5	原料、能源 耗用量	电负荷 /kW	其中 生活区		汽 /t·h^{-1}	其中 生活区		天然气/ m^3·年$^{-1}$
		水/ m^3·h^{-1}	其中 生活区		煤 /t·年$^{-1}$			主要原料 /t·年$^{-1}$
6	年运输量/t	总量		其中运入	,运出			
7	占地面积/m^2	全厂（场）		其中生产区	,厂区外配套设施		,生活区	
8	建筑面积/m^2	总面积		其中生产	,非生产 其中宿舍	,福利设施		
9	年"三废" 排放量	废水/m^3	全厂（场）	,主要有害成分				
		废渣/t	全厂（场）	,主要有害成分				
		废气/m^3	全厂（场）	,主要有害成分				

3. 厂址方案比较

概述各厂自然地理、社会经济、自然环境、建厂条件及协作条件等。对各厂址方案技术条件、建设投资和年经营费用进行比较，并作《技术条件比较表》、《建设投资比较表》、《年经营费用比较表》。

（1）技术条件比较表 包括的内容有：通信条件；地点地形、地貌特征；区域地质稳定情况及地震烈度；总平面布置条件（风向、日照）等；占地面积，目前使用情况和将来发展条件；场地特征及土石方工程量；场地、工程地质、水文条件及地基处理工程；水源及供水条件；交通运输条件；动力供应条件；排水工程条件；三废处理条件；附近企业对本厂（场）的影响；拆迁情况及工作量；与邻近企业生产协作条件；与城市规划关系；生活福利区的条件；原料、燃料、产品（进、出）的运距（运输条件）；安全防护条件；施工条件；资源利用与保护；其他可比的技术条件；结论及存在问题。

（2）建设投资比较表 见表2-2。

表 2-2　建设投资比较表　　　　　　　　　　　单位：万元

序号	项 目 名 称	方案甲	方案乙	方案丙
1	场地开拓费			
2	交通运输费			
3	给排水及防洪设施费			
4	供电、供热、供汽工程费			
5	土建工程费			
6	抗震设施费			
7	通信工程费			
8	环境保护工程费			
9	生活福利设施费			
10	施工及临时建筑费			
11	协作及其他工程费用			
12	合计			

（3）年经营费用比较表　见表2-3。

表 2-3　年经营费用比较表　　　　　　　　　　　单位：万元

序号	项 目 名 称	方案甲	方案乙	方案丙
1	原料、燃料成品等运输费用			
2	给水费用			
3	供电、供热、供汽费用			
4	排污、排渣等排放费用			
5	通信费用			
6	其他			
7	合计			

4. 厂址推荐方案

论述推荐方案的主要优缺点，并与拟建厂所要求的基本条件进行比较。

5. 当地政府及有关方面对推荐厂址的意见

6. 结论、存在问题与建议

第二节　总平面设计

工厂总平面设计是工厂总体布置的平面设计。其任务是根据工厂建筑群的组成内容及使用功能要求，结合厂址条件及有关技术要求，协调研究建筑物、构筑物及各项设施之间空间和平面的相互关系，正确处理建筑物、交通运输、管路管线、绿化区域等的布置问题，充分利用地形，节约场地，使所建工厂形成布局合理、协调一致、生产井然有序，并与四周建筑群相互协调的有机整体。

随着科学技术的进步与经济的发展，企业或工厂作为城市或工业区总体环境的一部分，人们对其总平面设计有了新的要求，设计者的思维方法也随之更新。现代企业在注重经济效益的同时还特别关注企业外观形象所带来的社会效益和环境效益。一个工厂良好的外观形象与优美的环境可以诱发人们对企业的爱戴与信赖，可以激发职工对本职工作充满自信与热情。因此，项目总设计师要组织好参与设计的各专业技术人员，在统一认识的基础上，密切配合，使完成的总图尽可能做到布置合理、经济适用、美观大方、环境幽雅。

工厂总图设计的主体专业在我国各设计院中是总图与运输专业。常规的做法是总图与运输专业的技术人员根据工厂规模、产品方案和工艺专业所提供的工艺流程、车间及工段的配置图，厂内外及车间、工序间的物料流量，以及运送方式等资料，综合厂址的地理环境、自然环境等条件，设计出符合国家现行有关规程、规范的总平面布置图。这种总平面布置图是用各建筑物、构筑物、工程管线、交通运输设施（铁路、道路、港站等）、绿化美化设施等的中心线、轴线或轮廓线正投影作图，并注有定位的平面坐标及标高，这样的总平面布置图以二维的平面坐标为构图关系。设计图能够量化的主要考核指标（如厂区占地面积、建筑物与构筑物占地面积、建筑系数、道路铺砌面积、铁路辅轨长度、绿化占地率等）参数成为评价总平面布置图设计质量的基本参数。

一个优秀的工厂总图布置应该是在满足建设项目生产规模的前提下，具有最简化和便捷的生产流程、能量消耗最少的物料和动力输送、最有效地利用建设场地及其空间、最节省的投资和运行费用以及最安全和最满意的生产与工作环境。

工厂总平面设计是在选定厂址后进行的。正确合理的总平面设计，不仅使基建工程既省又快地完成，而且对投产后的生产经营也提供了重要基础。所以有"一张蓝图值千金"的说法。通常在设计院会为此专设总图设计岗位，并将工艺专业所提供的工艺技术条件和要求及厂址选择时的厂址总平面布置方案图，一并成为工厂总平面图设计的依据。

一、总平面设计的内容

现代化的食品工厂，尽管其生产规模、产品结构、工艺技术等方面存在差异，但总平面设计一般包括以下 5 项内容。

1. 平面布置设计

就是在用地范围以内对规划的建筑物、构筑物及其他工程设施就其水平方向的相对位置和相互关系进行合理的布置。先进行厂区划分，后合理确定全厂建筑厂房、构筑物、道路、堆场、管路管线、绿化美化设施等在厂区平面上的相互位置，使其适应生产工艺流程的要求，以及方便生产管理的需要。

2. 运输设计

食品工厂运输设计，首先要确定厂内外货物周转量，据此制定运输方案，选择适当的运输方式和货物的最佳搬运方法，统计出各种运输方式的运输量，计算出运输设备数量，选定和配备装卸机具，并相应地确定为运输装卸机具服务的保养修理设施和建筑物、构筑物（如库房）等。对于同时有铁路、水路运输的工厂，还应分别按铁路、公路、水运等的不同系统，制定运输调度系统，确定所需运输装卸人员，制定运输线路的平面布置和规划。分析厂内外输送量及厂内人流、物流组织管理问题，据此进行厂内输送系统的设计。

3. 绿化布置和环保设计

绿化布置对食品厂来说，可以美化厂区、净化空气、调节气温、阻挡风沙、降低噪声、保护环境等，从而改善工人的劳动卫生条件。但绿化面积增大会增加建厂投资，所以绿化面积应该适当。绿化布置主要是绿化方式（包括美化）选择、绿化区布置等。食品工厂的四周，特别是在靠道路的一侧，应有一定宽度的树木组成防护林带，起阻挡风沙、净化空气、降低噪声的作用。种植的绿化树木、花草要经过严格选择，厂内不栽产生花絮、散发种子和特殊异味的树木、花草，以免影响产品质量，一般来说，选用常绿树较为适宜。环境保护是关系到国计民生的大事，工业"三废"和噪声会使环境受到污染，直接危害到人民的身体健康，所以，在进行食品工厂总平面设计时，在布局上要充分考虑环境保护问题。

4. 管线综合设计

管线综合设计的任务是根据工艺、水、汽、电等各类工程线的专业特点，综合规定其地上或地下敷设的位置、占地宽度、标高及间距，使厂区管线之间，以及管线与建筑物、构筑物、铁路、道路及绿化设施之间，在平面和竖向上相互协调，既要满足施工、检修、安全等要求，又要贯彻经济适用和节约用地的原则。

5. 竖向布置设计

平面布置设计不能反映厂区范围内各建筑物、构筑物之间在地形标高上配置的关系和状态，因此，还需要竖向布置设计。虽然对于厂区地形平坦、标高基本一致的厂址总平面设计是否进行竖向布置设计并不重要，但是对于厂区内地形变化较大，标高有显著差异的场合，仅有平面布置是不够的，还需要进行竖向布置设计并对布置方案进行较直观的铅直方向显示。竖向布置设计就是要确定厂区建筑物、构筑物、道路、沟渠、管网的设计标高，使之相互协调并充分利用厂区自然地势地形，减少土石方挖填量，使运输方便和地面排水顺利。此项设计中须有土方工程图方为完整。

二、总平面设计的基本原则

总平面设计是一项政策性、系统性、综合性很强的工作，涉及的知识范围很广，遇到的矛盾也错综复杂。因此，总图设计人员在进行总平面设计时，必须从全局出发，结合实际情况，进行系统地综合分析，经多方案的技术经济比较，选取最优方案，以便创造良好的工作和生产环境，提高建设投资的经济效益和降低生产能耗。

由于总平面设计涉及的范围很广，所以影响总平面布置的因素甚多，见表2-1。各类型食品工厂的总平面设计，不管原料种类、产品性质、规模大小以及建设条件的差异有多大，它们都是按照设计的基本原则结合具体实际情况进行设计的。食品工厂总平面设计的基本原则有下列几点。

① 总平面设计要符合厂址所在地区的总体规划，应该了解厂址所在地区的总体规划，特别是用地规划、工业区规划、居住规划、交通运输规划、电力系统规划、给排水工程规划等，以便了解拟建企业的环境情况和外部条件，使工厂的总平面布置与其适应，使厂区、厂前区、生活居住区与城镇构成一个有机的整体。食品工厂总平面设计应按任务书要求进行，布置必须紧凑合理，做到节约用地。分期建设的工程，应一次布置，分期建设，还必须为远期发展留有余地。

② 总平面设计必须符合工厂生产工艺的要求，应包括以下各方面。

a. 主车间、仓库等应按生产流程布置，并尽量缩短距离，避免物料往返运输。

b. 全厂的货流、人流以及原料、管道等的运输应有各自路线，力求避免交叉，合理组织安排。

c. 动力设施应接近负荷中心。如变电所应靠近高压线网输入本厂的一边，同时，变电所又应靠近耗电量大的车间；又如制冷机房应接近变电所，并紧靠冷库。罐头食品工厂肉类车间的解冻间亦应接近冷库，而杀菌工段、番茄酱车间等用汽量大的工段应靠近锅炉房。

③ 食品工厂总平面设计必须满足食品工厂卫生要求，具体包括以下各方面。

a. 生产区（各种车间和仓库等）和生活区（宿舍、托儿所食堂、浴室、商店、学校等）、厂前区（传达室、医务室、化验室、办公室、俱乐部、汽车房等）和生产区分开。保证食品工厂的生产车间有较好的卫生条件。

b. 生产车间应注意朝向，我国大部分地区车间最佳朝向为南偏东或西 30°角的范围内，生产车间朝向应保证阳光充足、通风良好。相互间有影响的车间，尽量不要放在同一建筑物里，但相似车间应尽量放在一起，以提高场地利用率。

c. 生产车间与城市公路之间应有一定的防护区，一般为 30~50m，中间最好有绿化地带阻挡，防止尘埃污染食品。

d. 根据生产性质不同，动力供应、货运周转、卫生防火等应分区布置。同时，主车间应与对食品卫生有影响的综合车间、废品仓库、煤堆及有大量烟尘或有害气体排出的车间间隔一定距离。主车间应设在锅炉房的上风向。

e. 总平面中要有一定的绿化面积，但又不宜过大。

f. 公用厕所要与主车间、食品原料仓库或堆场及成品库保持一定距离，并采用水冲式厕所，以保持清洁卫生。

④ 厂区布置要符合规划要求，同时合理利用地质、地形和水文等自然条件，具体要求如下。

a. 厂区道路应按运输量及运输工具的情况决定其宽度，一般厂区道路应采用水泥或沥青路面，以保持清洁。运输货物道路应与车间间隔一定距离，特别是运煤和煤渣容易产生污染，在设计道路及场地时要统筹考虑。一般道路应为环形道路，以免在倒车时造成堵塞现象。

b. 厂区道路之外，应从实际出发考虑是否需有铁路专用线和码头等设施。

c. 厂区建筑物间距（指两幢建筑物外墙面相距距离）应按有关规范设计。从防火、卫生、防震、防尘、噪声、日照、通风等方面来考虑，在符合有关规范的前提下，使建筑物间的距离最小。例如：建筑间距与日照关系（图 2-1），冬季需要日照的地区，可根据冬至日太阳方位角和建筑物高度求得前幢建筑的投影长度，作为建筑日照间距的依据。不同朝向的日照间距 D 约为 $(1.1~1.5)H$（D 为两建筑物外墙面间的距离，H 为布置在前面的建筑遮挡阳光的高度）。

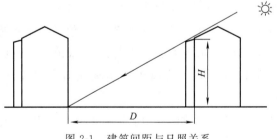

图 2-1　建筑间距与日照关系

建筑间距与通风关系：当风向正对建筑物时（即入射角为 0°时），希望前面的建筑不遮挡后面建筑的自然通风，那就要求建筑间距 D 在 $(4~5)H$ 或以上。当风向的入射角为 30°时，间距 D 可采用 $1.3H$。当入射角为 60°时，间距 D 采用 $1.0H$。一般建筑选用较大风向入射角时，用 $1.3H$ 或 $1.5H$ 就可达到通风要求，在地震区 D 采用 $(1.6~2.0)H$。

d. 合理确定建筑物、道路的标高，既保证不受洪水的影响，使排水畅通，同时又节约土方工程。在坡地、山地建设工厂，可采用不同标高安排道路及建筑物，即进行合理的竖向布置。但必须注意设置护坡及防洪渠，以防山洪灾害。

⑤ 总平面设计必须符合国家有关规范和规定。如符合《工业企业总平面设计规范》、《工业企业设计卫生标准》、《建筑设计防火规范》、《厂矿道路设计规范》、《工业企业采暖通风和空气调节设计规范》、《工业锅炉房设计规范》、《工业"三废"排放试行标准规定》、《工业与民用通用设备电力装备设计规范》、《中国出口食品厂、库卫生要求》、《中国保健食品良好生产规范》（GB 17405—1998）、《洁净厂房设计规范》（GB 50073—2013）、食品 GMP 规范等，以及符合厂址所在地区的发展规划，保证工业企业协作条件。

三、总平面设计的一般方法

1. 总平面布置的形式

厂区总平面图是一个结合厂址自然条件和技术经济要求，进行规划布置的图纸。为了获得理想的总体效果，相继出现了许多工厂平面的布置形式。

（1）总平面水平向布置形式　总平面水平布置就是合理地、科学地对用地范围内的建筑物、构筑物及其他工程设施水平方向相互间的位置关系进行设计。总平面水平布置因工厂规模、生产品种不同而各有不同，对厂区的布置形式有区带式、周边式、整体式、组合式等，各具特色，可因厂而异。

① 区带式布置。在厂区划分时，要保证区域功能分明的特点，以主要生产车间的定位布置带起辅助车间和动力车间的逐一布置，称为区带式布置。这种布置形式的特点是突出了主要生产车间的中心地带位置，全厂各区布置得比较协调合理，道路网布置井然有序，绿化区面积得以保证，是食品工厂目前最常用的布置形式。但对于厂址地形复杂、水源位置偏斜的情况难以全都满足。

② 周边式布置。往往由于厂址四周情况与城市规划的需要，将生产车间环绕厂区周边，首先从厂大门处开始布置，逐一带起辅助部门与动力部门相随着布置，此称为周边式布置。其特点是厂房建筑沿周边布置，厂区无严格划分，生产集中，有利于车间管理联系；厂大门临大街处，厂房沿街道直线布置，比较整齐美观；但厂房方位很难与主风向成 $60°\sim90°$ 的合适角度，因而通风不利，环境卫生须注意改善。

③ 整体式布置。整体式是将厂区内的主要车间、仓库、动力等布置在一个整体厂房内，这样，可节约用地、节省管线和线路，缩短运输距离。

④ 组合式布置。组合式是由整体式和区带式组合而成，主车间采用整体式布置，动力等采用区带式布置。

（2）总平面竖向布置形式　厂区的竖向布置，主要是根据工厂的生产工艺要求、运输装卸的要求、场地排水的要求及厂区地形、工程地质、水文地质等条件，选择竖向设计的系统和方式。要做好以下几项工作：确定全部建筑物、构筑物、铁路、道路、广场、绿地及排水构筑物的标高等；保证工厂在生产物料、人流上有良好的运输和通行条件；使土方工程量尽量减少，并使厂区填挖土方量平衡或接近平衡。同时，要防止因开挖引起的滑坡和地下水外露等现象发生；合理确定排水系统，配置必要的排水构筑物，可尽快地排除厂区内的雨水；尽量减少建筑物基础与排水工程的投资；解决厂区防洪工程问题。

竖向布置形式根据总平面设计之间连接方法的不同，分为平坡布置形式、阶梯布置形式和混合布置形式。

① 平坡布置形式又可分成水平型、斜面型和组合型。

水平型平坡式，场地整平，无坡度。斜面型平坡式，如图 2-2 所示，又可有单向斜面平坡式；由场地中央向边缘倾斜的双向斜面平坡式；由场地边缘向中央倾斜的双向斜面平坡式；多向斜面平坡式。组合型平坡式，场地由多个接近于自然地形的设计平面或斜面所组成。

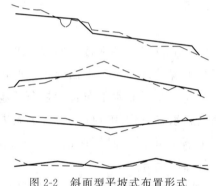

图 2-2　斜面型平坡式布置形式

② 阶梯布置形式。由若干个台阶相连接组成阶梯布置，相邻台阶间以陡坡或挡土墙连接，且其高差在 1m 以上，如图 2-3 所示。又可有单向降低的阶梯；由场地中央向边缘降低的阶梯；由场地边缘向中央降低的阶梯。

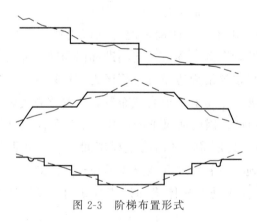

图 2-3　阶梯布置形式

③ 混合布置形式。混合布置形式设计地面由若干个平坡和台阶混合组成。

竖向水平型平坡式布置形式能为铁路、道路创造良好的技术条件，但平整场地的土方量大，排水条件较差。斜面型平坡式和组合型平坡式能利用地形、便于排水，减少平整场地的土方量。一般平坡式布置在地形比较平坦，场地面积不大，暗管排水，场地为渗透性土壤的条件下采用。阶梯式布置能充分利用地形，节约场地平整的土方量和建筑物、构筑物的基础工程量，排水条件比较好，但铁路、道路连接困难，防排洪沟、跌水、急流槽、护坡、挡土墙等工程增加。一般阶梯式布置在地形复杂、高差大，特别是山区建厂的条件下采用。

2. 总平面设计的步骤

（1）设计准备 总平面设计工作开始前，一般应具备下列条件。

① 已经审批的设计任务书。

② 已确定的厂址，厂地面积、地形、水文、地质、气象等资料。

③ 有关的城市规划或区域规划。

④ 厂区总体规划。

⑤ 对同类食品工厂调研所取得的资料。

⑥ 厂区区域地形图。比例为 1：500、1：1000、1：2000 等。

⑦ 专业资料。各有关专业（包括参加整个工程设计项目的全部设计单位）提出的工厂车间组成、主要设备、工艺联系和运输方式、运量情况以及建筑物、构筑物平面图（或外形尺寸）的资料。

⑧ 风玫瑰图。它属于建厂地区气象资料，其作用主要是可用来确定当地的主导风向。风玫瑰图有风向玫瑰图与风速玫瑰图两种。常用的风向玫瑰图又称风频玫瑰图，它是在直角坐标系上绘制的。坐标原点表示厂址地点，坐标分成 8 个方位，表示有东、西、南、北、东南、东北、西南和西北的风吹向厂点；也可分成 16 个方位，即表示再有 8 个方位的风吹向厂址。如果将常年每个方向吹向厂址的风之次数占全年总次数的百分率称为该风向的频率，则将各方向风频率按一定的比例，在方位坐标上描点，可连成一条多边形的封闭曲线，称之为风向频率图。由于多边形的图像很像一朵玫瑰花，故又称为风向玫瑰图，如图 2-4 所示。由图可见，全年风向次数最多的方位集中在东北向，故称之为主风向。图中虚线表示夏季的风向频率图。很明显各方位的风向频率不同，但其总和为 100%。

图 2-4　风玫瑰

另一种风速玫瑰图是表示各方向平均风速大小的玫瑰图形。其画法与风向玫瑰图大致相同。

要注意，主导风向和主导风速两者往往并不在同一个方向上，因此为了综合判断它们二者对环境的影响，提出了一个污染系数的概念，它的表示式如下：

$$污染系数＝风向频率/平均风速 \qquad (2\text{-}1)$$

污染系数的提出既可以使主导风向与主导风速方向不一致的矛盾得以解决，同时用它也可以判断在任何一个方向上风的可能污染性大小。而单纯凭借一个主导风向或一个主导风速则较难准确加以判断。

式（2-1）表明：污染系数愈大，其下风向可能受污染程度就愈大。换言之，其方向刮风次数越多，其平均风速越小，在其下风向受污染的程度就越严重。

（2）设计阶段　食品工厂总平面设计，亦如其他设计一样应按初步设计和施工图设计两个阶段进行。有些简单的小型项目，可根据具体情况，简化初步设计的内容。

进行总平面设计，应先从确定方案开始，其次才是运用一定的绘图方式将设计方案表达在图纸上。方案构思和确定是做好总平面设计的一项很重要的工作，是总平面设计好坏的关键。为此，要进行不同方案的制定和比较工作，最后定出一个比较理想的方案。

① 方案确定。

a. 厂区方位，建筑物、构筑物的相对位置。厂内交通运输路线以及与厂外连接关系。给排水、供电及蒸汽等管线布置的确定。

b. 确定方案的步骤。在总平面方案确定时，通常做法是把厂区主要建筑物、构筑物的平面轮廓在地形图上试排几种认为可行的方案，画出草图，然后分析比较，从中选出较为理想的方案。

排布方案中的各种建筑物、构筑物的顺序大致如下：在生产区内，根据生产工艺流程先布置主要车间的位置，一般放在中心位置，坐北朝南。根据厂区建筑物、构筑物的功能关系放置辅助车间。根据风玫瑰图放置锅炉房的位置，一般放在主车间的下风向区，但要靠近负荷中心。确定原料库、成品库及其他库的位置，使各种库放在与生产联系距离最短的地方，但又不致交叉污染。确定厂区道路，使物流、人流、货流应有各自的路线及宽度。确定给水、排水以及供电的方向及位置。布置厂前区的各种设施，同时考虑绿化位置及面积大小。布置厂大门以及其辅助建筑设施的位置。

② 初步设计。初步设计实际上就是对方案的具体化，即在方案确定的基础上按规定画法绘制出初步设计正式图纸，然后编写出初步设计说明书，供有关主管部门审批。

a. 图纸内容一般仅有一张总平面布置图，图纸比例为 1∶500、1∶1000 等，图内应有地形等高线，原有建筑物与构筑物和将来拟建的建筑物与构筑物的位置和层数、地坪标高、绿化位置、道路、管线、排水方向等。在图的一角或适当位置还应绘制风向玫瑰图和区域位置图。区域位置图按 1∶2000 到 1∶5000 绘制，它可以展示和表明厂区附近的环境条件及自然情况。它对审查和评判设计方案的优劣也有着一定的辅助作用。

b. 在总平面的初步设计阶段应当附有关于各平面设计方案的设计说明书。在说明书中需要阐明：设计依据、布置特点、主要技术经济指标、概算等情况。其文字要简明扼要，要让决策部门和上级领导能借助其对总平面设计方案做出准确地判断和抉择。

③ 施工图设计。在初步设计审批以后，就可以进行施工图设计。施工图是现场施

工的依据和准则，进行施工图设计实际上是深化和完善初步设计，落实设计意图和技术细节，图纸用于指导施工和表达设计者的要求。图纸要做到齐全、正确、简明、清晰、交待清楚、没有差错，保证施工单位能看清看懂。

施工图一般不用出说明书，至于一些技术要求和施工注意事项只要用文字说明的形式附在总平面施工图的一角上予以注明即可。

施工图的内容如下。

a. 总平面布置施工图比例为 1:500、1:1000 等，图内有等高线，红色细实线表示原有建筑物和构筑物，黑色粗实线表示新设计的建筑物和构筑物。图按最新的《总图制图标准》绘制，而且要明确标出各建筑物和构筑物的定位、尺寸，道路、管线、绿化等位置，作好竖向布置，确定排水方向等。为使上述总平面布置施工图为现场施工服务，还必须有明确的尺寸标注，即标注各个建筑物、构筑物、道路等的准确位置和标高。

b. 竖向布置图。竖向布置是否单独出图，视工程项目的多少和地形的复杂情况确定。一般来说对于工程项目不多、地形变化不大的场地，竖向布置可放在总平面布置施工图内（注明建筑物和构筑物的面积、层数、室内地坪标高、道路转折点标高、坡向、距离、纵坡等）。

c. 管线综合平面图。一般简单的工厂总平面设计，管线种类较少，布置简单，常常只有给水、排水和照明管线，有时就附在总平面施工图内。但管线较复杂时，常由各设计专业工种绘出各类管线布置图。总平面设计人员往往出一张管线综合平面布置图，图内应表明管线间距、纵坡、转折点标高、各种阀门、检查井位置以及各类管线等的图例符号说明。图纸与总平面布置施工图的比例尺寸相一致。

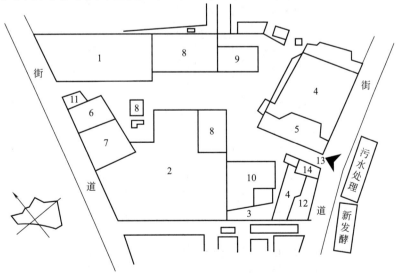

图 2-5 某啤酒加工厂厂区总平面布置图

1—糖化车间；2—发酵车间；3—灌装车间；4—包装车间；5—酒瓶堆场；

6—锅炉房；7—制冷站；8—机修车间；9—办公楼；10—食堂；

11—变电所；12—成品库；13—大门；14—传达室

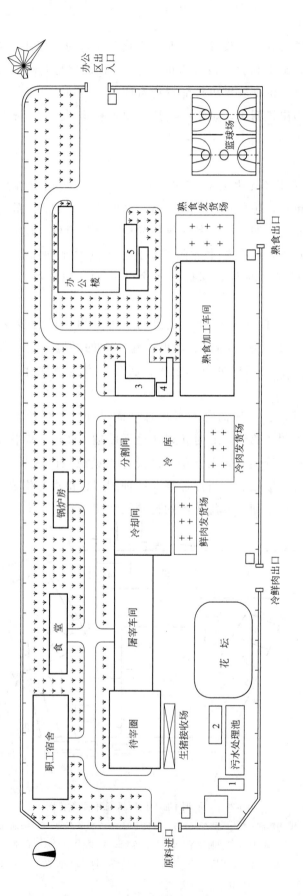

图 2-6 某肉制品加工厂厂区布置图

1—污水处理间；2—急宰间；3—机修车间；4—包装材料库；5—汽车库

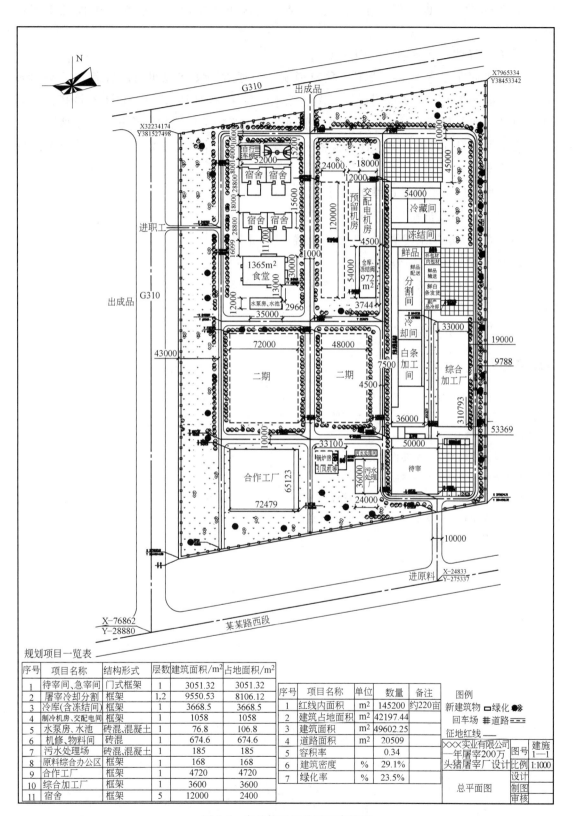

规划项目一览表

序号	项目名称	结构形式	层数	建筑面积/m²	占地面积/m²
1	待宰间、急宰间	门式框架	1	3051.32	3051.32
2	屠宰冷却分割	框架	1,2	9550.53	8106.12
3	冷库(含冻结间)	框架	1	3668.5	3668.5
4	制冷机房、交配电间	框架	1	1058	1058
5	水泵房、水池	砖混、混凝土	1	76.8	106.8
6	机修、物料间	砖混	1	674.6	674.6
7	污水处理场	砖混、混凝土	1	185	185
8	原料综合办公区	框架	1	168	168
9	合作工厂	框架	1	4720	4720
10	综合加工厂	框架	1	3600	3600
11	宿舍	框架	5	12000	2400

序号	项目名称	单位	数量	备注
1	红线内面积	m²	145200	约220亩
2	建筑占地面积	m²	42197.44	
3	建筑面积	m²	49602.25	
4	道路面积	m²	20509	
5	容积率		0.34	
6	建筑密度	%	29.1%	
7	绿化率	%	23.5%	

图例

新建筑物 □ 绿化 ●
回车场 ▦ 道路 ═══
征地红线 ─ · ─

×××实业有限公司 一年屠宰200万 头猪屠宰厂设计 总平面图	图号	建施 1—1	
	比例	1:1000	
	设计		
	制图		
	审核		

图 2-7 肉品加工厂总平面布置图

d. 道路设计图也是仅对于地形较复杂的情况下才出图。一般在总平面施工图上表示。

e. 有关详图，如围墙、大门等图纸。

f. 总平面布置施工图一般不单独出说明书，通常用文字说明的内容附在总平面布置施工图的一角上。主要说明设计意图、施工时应注意的问题、各种技术经济指标（同初步设计）和工程量等。有时，还将总平面图内建筑物、构筑物的编号列表说明。

为了保证设计质量，施工图必须经过设计、校对、审核、审定会签后，才能交给施工单位按图施工。

四、食品厂总平面设计举例

1. 啤酒厂厂区布置

如图 2-5 所示是某啤酒加工厂的厂区总平面布置图。

2. 肉制品加工厂厂区布置

如图 2-6 所示是某肉制品加工厂的厂区总平面布置图。

3. 肉品加工厂总平面布置图

如图 2-7 所示是肉品加工厂总平面布置图。

【思考题】

1. 厂址选择的原则是什么？主要方法有哪些？
2. 如何进行食品工厂厂址选择？如何写厂址选择报告？
3. 说明食品工厂的组成和总平面设计的内容。
4. 什么是风向玫瑰图？其主要作用是什么？
5. 说明掌握总平面设计的基本原则。
6. 总平面设计的基本方法是什么？如何进行食品工厂平面布置？试画出。
7. 说明总平面布置图的要求，如何画出总平面布置图？
8. 绘制一个参观过的食品厂的平面布置图。
9. 设计一个食品工厂的总平面图。

第三章 食品工厂工艺设计

学习目标与要求

1. 了解食品工厂工艺设计的特点、内容及要求。
2. 掌握产品方案的要求，学会制定产品方案。
3. 熟练掌握生产工艺的确定，能够正确表达生产工艺流程。
4. 掌握物料计算，能够正确选用"技术经济指标"。
5. 了解食品工厂设备情况，掌握选择原则，熟练掌握设备的选用与配套。
6. 了解劳动力计算及劳动组织，了解生产车间水、电、汽、冷用量的估算及要求。
7. 了解生产车间的组成，掌握生产车间的设计要求及设计步骤。
8. 了解生产车间建筑的基本情况和管道布置内容。

食品工厂工艺设计是以产品为中心、生产工艺为主线，集中体现在生产车间上。例如屠宰厂的屠宰、分割车间，肉制品厂的熟食车间，乳品厂的短保质期液态奶产品车间、长保质期液态奶产品车间，饮料厂的果汁饮料车间和碳酸饮料车间，速冻食品厂的速冻水饺车间、速冻汤圆车间、速冻面点车间，方便面厂的方便面生产车间等。其余辅助部门均围绕生产车间进行设计。食品工厂的工艺设计是工厂设计的基础，是建成工厂的运转核心，工艺设计直接关系到全厂生产和技术的合理性，并且对建厂的费用和投产后产品的质量、产品的成本、劳动强度等都有密切的关系。食品工厂工艺设计又是其他非工艺设计（包括土建、采暖通风、给排水、供电、供汽、制冷等）所依据的基础资料。所以，食品工厂的工艺设计必须根据项目的生产规模、产品要求和原料情况，结合建厂条件进行设计。食品工厂工艺设计主要包括以下内容。

① 产品方案的确定。
② 主要产品生产工艺的确定。
③ 物料计算。
④ 生产车间设备的选型及配套。
⑤ 劳动力计算及劳动组织。
⑥ 生产车间水、电、汽、冷用量的估算。
⑦ 生产车间工艺设计。

第一节 产品方案的确定

产品方案是食品工厂全年生产品种、数量、生产周期、生产班次等的计划安排。在制定产品方案时要进行全面市场调查，考虑人们的生活习惯以及季节、气候的影响，合理利用原材料、人力、设备等。

一、制定产品方案的要求

在产品销售市场上，产品销售的季节性要首先考虑，就是产品在不同季节、节假日的消费特点不同。肉品消费集中在冬季，尤其是国庆节和春节前后；乳品的酸奶、冰激凌消费集中在炎热的夏季，饮料更是在夏季最为突出；速冻饺子、汤圆消费集中在冬季，尤其是冬至及元宵两个节日；速冻粽子集中在端午节前后；月饼销售则集中在中秋节的前十五天。在原料供应上，应充分考虑畜禽生产的特点、农产品生产的特点以及各种水果、蔬菜的成熟、采摘季节等。

在制定产品方案时，首先根据设计任务书和调查研究的资料来确定主要产品的品种、规格、产量、生产季节和生产班次，优先安排受季节性影响的产品，其次再调节产品用以调节生产忙闲不均现象。另外尽可能综合利用原材料及加工半成品贮存，待到淡季时加工（番茄酱、果汁制品等）。

总之，在安排产品方案时应尽量做到"四个满足"、"五个平衡"。

1. "四个满足"

① 满足主要产品产量的要求。

② 满足原料综合利用的要求。

③ 满足淡旺季节平衡生产的要求。

④ 满足市场和提高经济效益的要求。

2. "五个平衡"

① 产品产量与原料供应的平衡。

② 生产季节与劳动力的平衡。

③ 生产班次的平衡。

④ 生产能力的平衡。

⑤ 水、电、汽负荷的平衡。

二、产品方案的制定

1. 生产品种

生产品种要符合论证要求，满足销售需要。

2. 数量及班产量

生产数量首先满足产量要求，同时要有合适的班产量安排。班产量是工艺设计的主要计算基础，直接影响到车间布置、设备配套、占地面积、劳动定员和产品经济效益。一般情况下，食品工厂班产量越大，单位产品成本越低，效益越好。由于投资局限及其他方面制约，班产量有一定的限制，但是必须达到或超过经济规模的班产量。最适宜的班产量实质就是经济效益最好的规模。

决定班产量的因素为：①原料的供应量多少。②生产季节的长短。③延长生产期的条件。④定型作业线或主要设备的能力。⑤厂房、公用设施的综合能力。⑥班产量的计算：班产量=年产量/（生产天数×班次）。

3. 生产周期

食品生产呈周期性，按年进行安排，在可能的情况下，将生产品种、生产数量、生产班次、生产时间尽可能细分。

4. 生产班次

安排产品方案时，一般按每月 25 天，全年 300 个生产日计，如果考虑原料等其他原因，全年的实际生产日数也不宜少于 250 天。生产班次按每天 1～2 班，高峰期按 3 班考虑。

5. 产品方案的比较与分析

制定产品方案时，为保证方案合理，有利于工厂发展和管理，应该按项目要求的年产量和品种，制定出 2 个以上产品方案，按照"四个满足"、"五个平衡"的要求，结合产品特点、市场特点、生产特点及经济效益进行比较分析，确定最佳方案。表 3-1～表 3-8 即为典型食品厂的产品方案（表中一格内一个"—"表示一班生产，两个"—"表示二班生产，依此类推）。

表 3-1　日屠宰 12 万只鸡的产品方案

产品名称	年产量/万吨	班产量/万只	1月	2月	3月	4月	5月	6月	7月	8月	9月	10月	11月	12月
白条鸡	3.5	6	—	—	—	—	—	—	—	—	—	—	—	—
分割肉	2.5	6	—	—	—	—	—	—	—	—	—	—	—	—

表 3-2　年产 1 万吨肉制品产品方案

产品名称	年产量/t	班产量/t	1月	2月	3月	4月	5月	6月	7月	8月	9月	10月	11月	12月
板鸭	2000	7	—	—	—	—	—	—	—	—	—	—	—	—
烧鸡	900	3	—	—	—	—	—	—	—	—	—	—	—	—
北京烧鸭	800	3	—	—	—	—	—	—	—	—	—	—	—	—
盐水鸭	900	4	—	—	—	—	—	—	—	—	—	—	—	—
酱鸭	850	3	—	—	—	—	—	—	—	—	—	—	—	—
五香牛肉	1000	4	—	—	—	—	—	—	—	—	—	—	—	—
五香猪蹄	1000	4.5				—	—	—	—	—	—	—	—	—
酱香鸭腿	750	2.5	—	—	—	—	—	—	—	—	—	—	—	—
腊鸭	600	2	—	—	—	—	—	—	—	—	—	—	—	—
对韩鸭胸肉	550	3				—	—	—	—	—	—	—	—	—
对日鸭胸肉	650	3												

表 3-3　年产 5000t 肉制品产品方案

产品名称	年产量/t	班产量/t	1月	2月	3月	4月	5月	6月	7月	8月	9月	10月	11月	12月
道口烧鸡	800	2	—		—		—					—	—	—
五香牛肉	700	2	—	—	—	—						—	—	—
五香猪蹄	800	2	—		—		—			—	—			
酱肘子	400	1	—		—					—	—			
广式香肠	500	1	—	—	—	—	—	—	—	—	—	—	—	—
台湾烤肠	800	2	—	—					—	—				
玉米热狗	1000	2	—	—	—	—	—	—	—	—	—	—	—	—

表 3-4　年产 3 万吨乳品厂产品方案

产品名称	年产量/t	班产量/t	1月	2月	3月	4月	5月	6月	7月	8月	9月	10月	11月	12月
酸奶	12000	20	—	—	—	—	—	—	—	—	—	—	—	—
消毒奶	10000	20	—	—		—	—	—	—	—	—	—	—	—
果奶	8000	13	—	—	—	—	—	—	—	—	—	—	—	—

表 3-5　年产 1.5 万吨冰激凌厂产品方案

产品名称	年产量/t	班产量/t	1月	2月	3月	4月	5月	6月	7月	8月	9月	10月	11月	12月
奶立方	1500	3	—	—	—	—	—	—	—	—	—	—	—	—
老冰棍	1700	4	—	—	—	—	—	—	—	—	—	—	—	—
小博士	900	3	—	—	—	—	—	—	—	—	—	—	—	—
一罐	900	3	—	—	—	—	—	—	—	—	—	—	—	—
好口杯	1300	4	—	—	—	—	—	—	—	—	—	—	—	—
果果脆	1200	3	—	—	—	—	—	—	—	—	—	—	—	—
泰国米仁	1500	4	—	—	—	—	—	—	—	—	—	—	—	—
小奶牛	900	3	—	—	—	—	—	—	—	—	—	—	—	—
小布丁	900	3	—	—	—	—	—	—	—	—	—	—	—	—
小王子脆筒	1200	4	—	—	—	—	—	—	—	—	—	—	—	—
百变脆筒	1500	4	—	—	—	—	—	—	—	—	—	—	—	—
牛奶提子	1500	4	—	—	—	—	—	—	—	—	—	—	—	—

表 3-6　年产 2 万吨冰激凌厂产品方案

产品名称	年产量/t	班产量/t	1月	2月	3月	4月	5月	6月	7月	8月	9月	10月	11月	12月
香草奶昔杯	5000	10	—	—	—	—	—	—	—	—	—	—	—	—
美国提子	3000	6	—	—	—	—	—	—	—	—	—	—	—	—
玉米香	2500	5.5	—	—	—	—	—	—	—	—	—	—	—	—
小布丁	1500	4	—	—	—	—	—	—	—	—	—	—	—	—
脆脆冰	1200	4	—	—	—	—	—	—	—	—	—	—	—	—
草莓甜桶	1800	5	—	—	—	—	—	—	—	—	—	—	—	—
尖尖脆	2200	5	—	—	—	—	—	—	—	—	—	—	—	—
香芋脆皮	2800	6	—	—	—	—	—	—	—	—	—	—	—	—

表 3-7　年产 7000t 冻食品厂产品方案

产品名称	年产量/t	班产量/t	1月	2月	3月	4月	5月	6月	7月	8月	9月	10月	11月	12月
三鲜水饺	2000	3	—	—	—	—	—	—	—	—	—	—	—	—
韭菜水饺	500	2	—	—	—	—	—	—	—	—	—	—	—	—
鲜肉水饺	1500	3.5	—	—	—	—	—	—	—	—	—	—	—	—
芝麻汤圆	1000	2	—	—	—	—	—	—	—	—	—	—	—	—
花生汤圆	800	2	—	—	—	—	—	—	—	—	—	—	—	—
花生粽子	800	3	—	—	—	—	—	—	—	—	—	—	—	—
八宝粽子	400	2	—	—	—	—	—	—	—	—	—	—	—	—

表 3-8　年产 600t 糕点厂产品方案

产品种类	年产量/t	班产量/kg	1月	2月	3月	4月	5月	6月	7月	8月	9月	10月	11月	12月
面包	200	700	—	—	—	—	—	—	—	—	—	—	—	—
蛋糕	100	350	—	—	—	—	—	—	—	—	—	—	—	—
糕点	200	700	—	—	—	—	—	—	—	—	—	—	—	—
月饼	100	800								—	—	—		

第二节　主要产品生产工艺的确定

食品工厂生产各种食品是按照原料特点、产品要求，结合设备功能，采用合适的生产工艺进行的。不同产品有不同的生产工艺，即使相同产品在不同工厂其生产工艺也会不同。但是同一类型的食品工厂的工艺过程和加工设备基本相近，如罐头食品厂不论生产什么品种的罐头，都要经过原料的预处理、选择加工、装罐、排气密封、杀菌冷却等几个工艺过程。只要各个产品不是同时生产，其相同工艺过程的设备是可以公用的。因此，我们只要将主要产品的工艺确定下来，配合安排其他专用设备，就可进行多品种生产。为了保证食品产品的质量，对不同品种的原料应当选择不同的工艺，不同的产品应该配合采用合适的工艺。生产工艺不仅会影响产品的质量，而且会影响整个企业的经济效益，因此，我们要对所设计的食品工厂的主要产品生产工艺进行认真地探讨和论证。

一、生产工艺的选择原则

① 必须选用成熟可靠的生产工艺，符合产品标准及要求，外销产品严格按合同规定进行生产。

② 满足原料特性要求。

③ 优先采用机械化、自动化作业线。对暂时不能实现机械化生产的品种，其工艺流程应尽量按流水线排布，减少原料、半成品在生产流程中停留的时间，避免半成品变色、变味、变质现象发生。

④ 对新产品、新工艺等科研成果，必须经过中试放大实验后，经鉴定评估，才能

用于设计中。

⑤ 对传统名优产品不得随意更改生产工艺，一旦更改，必须经过反复实验、专家鉴定，并报上级部门批准后，才可作为新技术运用到设计中。

⑥ 满足环保要求，严格按照国家、地方等相关规定设计。

⑦ 尽量选择投资少、耗能低、成本低、产品收益率高的生产工艺。

二、生产工艺流程图

生产工艺经常采用生产工艺流程图来表达，设计中的工艺流程图有两种，即生产工艺流程方框图和生产工艺设备流程图。生产工艺流程方框图简单、直观、清楚明了，一般用在设计的工艺说明中，但较难说清楚生产工艺水平。生产工艺设备流程图可切实反映设计项目的生产工艺及工艺水平，同时为生产车间布置提供依据。两种图的画法和要求如下所述。

1. 生产工艺流程方框图

生产工艺流程方框图的内容包括工序名称、完成该工序工艺操作手段（手工或机械设备名称）、物料流向、工艺条件等。在方框图中，应以箭头表示物料流动方向，其中以实线箭头表示物料从原料到成品的主要流动方向，细实线箭头表示中间产物、废料的流动方向。

（1）猪屠宰工艺流程图

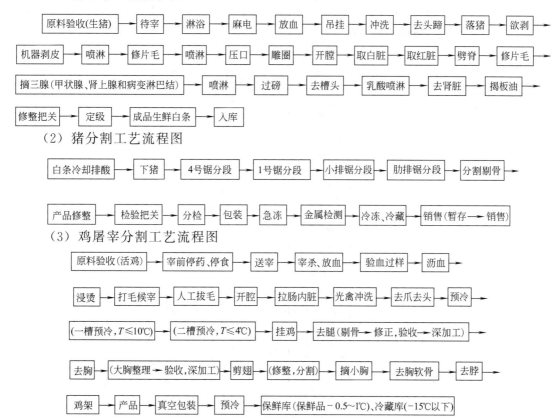

（2）猪分割工艺流程图

（3）鸡屠宰分割工艺流程图

（4）红烧猪肉罐头生产工艺流程图

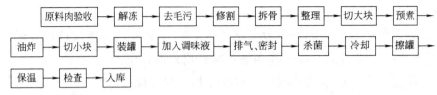

原料肉验收 → 解冻 → 去毛污 → 修割 → 拆骨 → 整理 → 切大块 → 预煮 →

油炸 → 切小块 → 装罐 → 加入调味液 → 排气、密封 → 杀菌 → 冷却 → 擦罐 →

保温 → 检查 → 入库

（5）消毒奶生产工艺流程图

原乳验收 → 净化 → 冷却 → 贮奶 → 预热 → 均质 → 杀菌 → 冷却 → 装瓶 → 封盖 → 装箱 → 冷藏

（6）凝固型酸奶生产工艺流程图

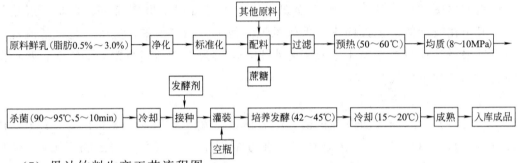

原料鲜乳(脂肪0.5%～3.0%) → 净化 → 标准化 → 配料 → 过滤 → 预热(50～60℃) → 均质(8～10MPa) →

其他原料 → 配料

蔗糖 → 配料

杀菌(90～95℃、5～10min) → 冷却 → 接种 → 灌装 → 培养发酵(42～45℃) → 冷却(15～20℃) → 成熟 → 入库成品

发酵剂 → 接种

空瓶 → 灌装

（7）果汁饮料生产工艺流程图

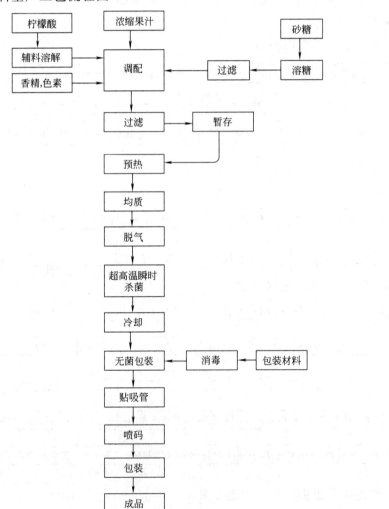

（8）速冻水饺生产工艺流程图

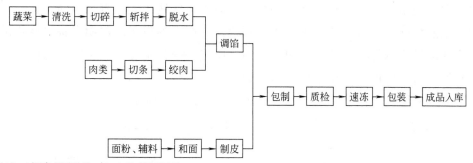

（9）速冻汤圆生产工艺流程图

（10）广式月饼生产工艺流程图

2. 生产工艺设备流程图

生产工艺设备流程图是对生产工艺流程方框图的深化，是进一步说明工艺所配用的设备，体现了设计的工艺水平。内容包括有关设备的基本外形、工序名称、物料流向等。必要时，还应表示各设备间位置距离及其高度。图中粗实线箭头表示主要物料流动方向，细实线箭头表示余料、废料流动方向，设备外形以简单、直观即可。

生产工艺设备流程图的画法是，将生产设备按生产流程顺序和高低位置在图面自左

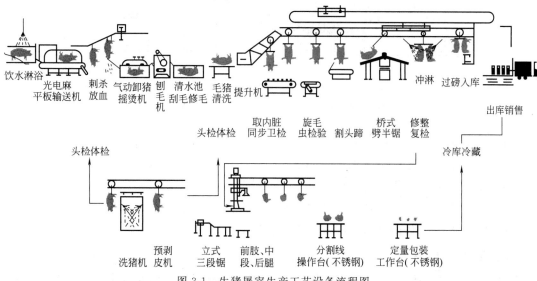

图 3-1　生猪屠宰生产工艺设备流程图

至右展开,表达出设备的基本形状特征(可按比例画,也可不按比例画),将设备的相对位置在图上表示出来。原料、辅料和介质流向用粗实线表示,表示不同介质流向的管线在图上不能相交,交接处要用细实线圆弧避开。图上的设备应注明设备名称或设备编号,还应列出设备编号表,表中注明设备编号所代替的设备名称、型号、规格和台数。

(1) 生猪屠宰生产工艺设备流程图　如图3-1所示。

(2) 西式灌肠肉制品生产工艺设备流程图　如图3-2所示。

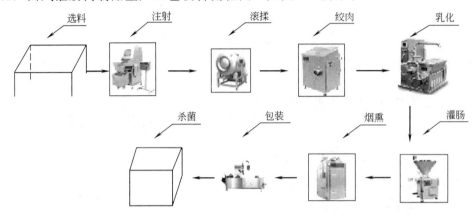

图 3-2　西式灌肠肉制品生产工艺设备流程图

(3) 午餐肉罐头生产工艺设备流程图　如图3-3所示。

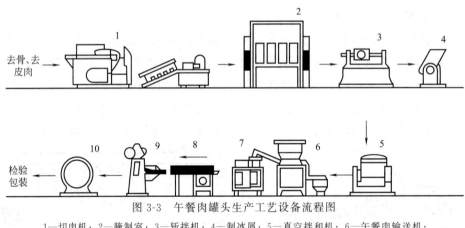

图 3-3　午餐肉罐头生产工艺设备流程图

1—切肉机;2—腌制室;3—斩拌机;4—制冰屑;5—真空拌和机;6—午餐肉输送机;
7—午餐肉定量装罐机;8—输送带;9—封罐机;10—杀菌机

(4) 乳制品生产工艺设备流程图　如图3-4所示。

(5) 乳粉生产工艺设备流程图　如图3-5所示。

(6) 冰激凌生产工艺设备流程图(Ⅰ)　如图3-6所示。

(7) 冰激凌生产工艺设备流程图(Ⅱ)　如图3-7所示。

(8) 饼干生产工艺设备流程图　如图3-8所示。

三、生产工艺的确定

在确定主要产品的工艺流程时,除考虑上述七个原则外,还要对生产的工艺条件进

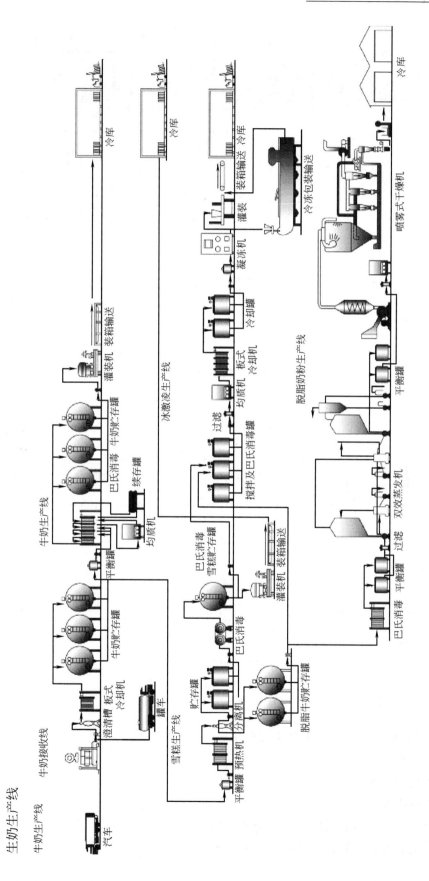

图 3-4 乳制品生产工艺设备流程图

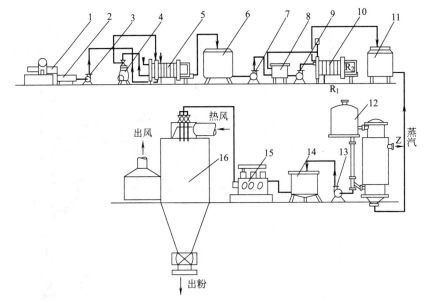

图 3-5 乳粉生产工艺设备流程图

1—磅奶秤；2—受奶槽；3,7,9—奶泵；4—标准化；5—顶热冷却器；6—贮奶缸；8—平衡缸；10—片式热交换器；11,14—暂存缸；12—单效升膜式浓缩锅；13—泵；15—高压泵；16—压力喷雾塔

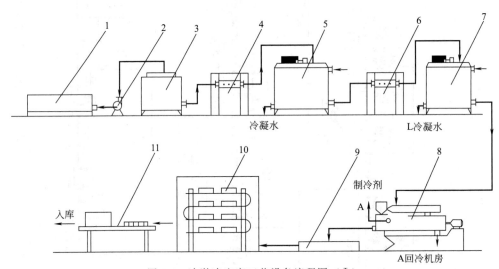

图 3-6 冰激凌生产工艺设备流程图（Ⅰ）

1—配料；2—奶泵；3—筛子及缓冲桶；4,6—高压均质泵；5,7—冷热缸；8—凝冻机；9—注模（注杯）；10—硬化；11—切块（或不切块）

行说明论证，说明工艺设计中所确定的生产工艺条件，论证生产工艺条件合理科学。

1. 产品配方

说明主要产品的生产加工配方。

2. 原料要求

① 说明主要原料的标准要求及验收方法。

② 说明各种辅助材料的品种及主要要求。

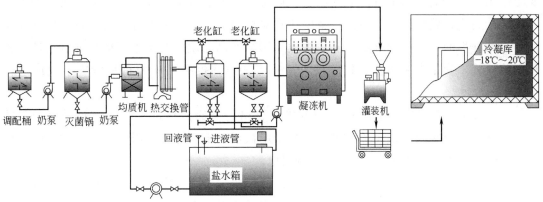

图 3-7 冰激凌生产工艺设备流程图 （Ⅱ）

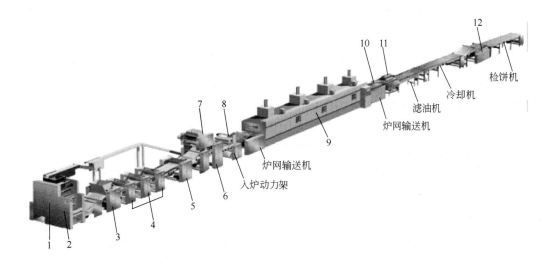

图 3-8 饼干生产工艺设备流程图

1—控制台；2,6—机架；3—轧面机；4—辊轧；5—滚花；7—滚切；8—分离；

9—隧道式烤炉；10—出口；11—喷油；12—整理

③ 说明包装材料要求。

3. 生产工艺

按工艺流程顺序详细说明各加工操作环节的要求、工艺参数及具体的操作方法。

4. 产品标准及质量控制

① 产品的国家、地方或行业标准，如果没有相关标准，要制定企业标准，并报技术监督部门审批备案。

② 生产环节质量控制要点、控制要求及采用方法。

③ 国家强制市场准入认证 QS，国家推荐 HACCP、ISO 9000 等质量认证。

四、生产工艺说明

1. 猪屠宰工艺要点

（1） 验收 验收属于 HACCP 认证关键控制点之一，在屠宰加工过程中起着非常重要的作用。优质的产品来自优良的原料，屠宰加工行业也不例外，在原料验收过程中要注意区分病猪、残猪以及急宰猪，也要注意对黑猪、小猪、未去势的猪、后备猪以及大猪等不同种类的原料猪的确定，避免由此而影响产品品质。对于进厂猪只进行动检检验和宰前检验，确定患有猪瘟、猪肺疫、猪丹毒、口蹄疫等疾病的猪只坚决不收或进行销毁。

（2）待宰　经宰前检验员进行检疫检验合格的健康生猪，按照屠宰间屠宰加工数量，分批进入待宰圈候宰。送宰过程中严禁用铁棍、木棒打猪，用电鞭赶猪时要触及猪的下腹部皮薄处，而不能在猪身上到处乱捅。

（3）淋浴冲洗　待宰猪麻电前进行淋浴冲洗，主要是冲净猪体表面污垢，减少体表细菌及污染物，增强麻电时导电性能，提高麻电质量。生猪在淋浴或冲洗时，注意保持一定的水压和水量，上下左右交错喷淋冲洗猪体，全面洗净猪体表面污物。洗猪水温，冬季为38℃，夏季20℃左右。每次冲洗的猪只保持一定数量，以保证淋洗效果，淋洗后稍加休息再进行麻电。

（4）麻电致昏　麻电工人在操作前要穿戴好绝缘手套、绝缘鞋和皮围裙，防止出现事故。麻电电压要求70～90V，电流强度0.5～1.0A，麻电时间1～3s。麻电后的猪呈昏迷状态，心脏跳动，四肢微动。然后将猪用钢丝套套住后脚跗关节处，将其提升挂上轨道。采用电击晕的目的是使家畜在宰杀前短时间内处于昏迷状态，使之失去知觉、减少痛苦，避免在宰杀时挣扎而消耗过多的糖原，以保证肉质。

（5）刺杀放血　麻电后的生猪经提升上轨道后，操作人员一手抓住猪前蹄，另一手握刺杀刀，大拇指压在刀背上，刀尖向上，刀锋向前，刀刃与猪体成15°～20°角，对准第一肋骨咽喉正中偏右0.5～1cm处，刀尖略向右斜刺入，拖刀切断颈部动脉和静脉，拔刀使血流出。刺杀时不得刺破心脏，不得使猪发生呛膈淤血，刺杀刀口不超过5cm，沥血时间不少于5min，每刺一头猪对刺杀刀要进行消毒。屠宰车间沥血槽长10m，保证每头猪沥血充分，品质不受影响。

（6）洗猪　屠宰生猪虽然在麻电前已进行淋浴冲洗，但因是活体，只能随猪的活动自然清洗，很难彻底洗净身上的污物。麻电放血后是强制性冲洗，猪体上污物和放血的血迹冲洗得比较干净，如用温水还会促进体内残余血液排出。因此，刺杀放血后必须经过洗猪工序。猪屠体应采用清洗机冲淋。有的厂洗猪采用立式洗猪机，机器的开动、停止以及喷水都由电磁阀自动控制，冲洗得比较干净。

（7）摘除甲状腺　甲状腺是一种人食后可致中毒的腺体，历史上曾多次发生过甲状腺中毒事故。因此，不能附在肉上出售，更不能摘除后集中出售食用，但回收后可作制药原料——甲状腺素。

猪的甲状腺位于喉头的前方和气管交接处的两侧各一个，呈栗子红色，体扁平，长4～4.5cm，宽2～2.5cm，厚1～1.5cm，重约4～6g。

摘除猪的甲状腺时，看清腺体部位，用手撕下。去净上面的脂肪、薄膜，但要保持腺体完整，即时冷藏存放或及时出售给制药厂家。

（8）生猪浸烫脱毛　生猪放血后，要进行刮毛，把猪皮表面的毛、毛根和退化的表皮刮除干净。刮毛工艺分为浸烫、刮毛、冷刮三个环节。

浸烫使猪的毛囊受热松开，便于将毛刮净。猪体进烫池按猪体大小、品种、季节和设备，控制进猪数量和水温。水温一般控制在58~63℃，冬季最高不超过65℃。烫猪时间一般为3~6min。进猪的速度保持均匀，避免使猪沉底或密集，防止烫老而脱毛不净。浸烫池有溢水口和补充净水的装置，以保持浸烫水的清洁。

刮毛一般采用机器。猪体在刮毛前，先用手在鬃毛部或前腿部试捋一下，猪毛一捋就掉，即可进行刮毛。刮毛机刮毛时，按先冷后热顺序打开刮毛机内的水、汽两阀，调节水温至适宜温度，按下电源开关，开动刮毛机。将烫好的猪体顺序送进刮毛机内。上机人员要掌握和判断生猪浸烫的程度，已烫好的猪必须立即上机，不能延误时间以防烫老。上机时要根据脱毛机的工作量掌握上机数量，过多过少都会影响脱毛质量，工作完后切断电源，清理好机器和周围卫生。

冷刮是将猪体上残留的散毛、绒毛、毛根、里皮（死皮）等修刮干净，操作人员备有月牙刀和刨刀。操作时，从头部开始向后至后腿部，先用刨刀刮，手抓住需要修刮部位的附近皮肤，崩紧，用刀刮去散毛、里皮、绒毛、根，有时刮不出散毛和毛根时，用刨刀斜面大一些向里刮或向外推，把毛刮出，不能用刀剃毛，保证刮毛干净。

经刮毛后的猪体提升悬挂，在每头猪的耳部和腿部外侧按顺序编号，字迹清楚。

（9）开膛去内脏

① 雕圈。刀刺入肛门外围，雕成圆圈，掏开大肠头垂直放入骨盆内，应少带肉，肠头脱离肛门括约肌，不能割破直肠。

② 挑胸剖腹。猪体挂在轨道上，自放血刀口沿胸部正中挑开胸骨，沿腹部正中线自上而下剖开腹腔，将生殖器从脂肪中拉出连同输尿管全部割除，不得刺伤内脏。放血口、挑胸、剖腹口应成一线，不得出现三角肉。

③ 拉直肠割膀胱。操作时先从肛门处沿直肠四周剥离，一手抓住直肠，另一手持刀，将肠系膜和韧带割断，再将膀胱和输尿管割除，不得刺破直肠和膀胱。

④ 取胃肠割横膈肌脚。一手抓住肠系膜及胃大弯处，另一手持刀在靠近肾脏处将肠系膜和肠、胃共同割离猪体，并割断韧带和食道。不得刺破肠、胃、胆囊。同时用左手拇指与食指夹住膈肌的裂口处两侧，用刀割下横膈肌脚，用与肉体相同号码的纸连同膈肌包在一起，送寄生虫检验室。

⑤ 取心肝肺。一手抓住肝，另一手持刀，割开两边隔膜。左手将肝下揿，右手持刀将连接胸腔和颈部的韧带割断，并割断食管和气管，取出心、肝、肺，但不得使其破损。取下的心肝肺流入同步检验轨道进行内脏检验。

⑥ 冲洗胸腔、腹腔。取出内脏后，用足够压力的净水冲净腔内淤血、浮毛、污物。

（10）割头蹄尾

① 去头。操作人员站在猪体右侧，左手伸到左侧放血刀口处反手抓住颈部肉，右手持刀沿颈部与左耳根横割成直线，将右侧颈部肉横断切开，然后左手抓住右耳，右手刀从耳根处下刀直线割至左耳根刀口吻合为止，并将后颈肉切断，割下的猪头将鼻朝上

平置于台面时，四周颈肉正好接触台面，也叫"平头"。

② 去蹄。前腿从腕关节、后蹄从跗关节处割断。

③去尾。齐尾根处切断。

（11）劈半 猪体的劈半方式为机器劈半，使用的电锯为桥式电锯。劈半后的猪肉进入下道工序后摘除肾脏，撕去腹腔板油，冲洗血污、浮毛、锯肉末，并进行胴体检验。

（12）摘除肾上腺和病变淋巴腺 肾上腺位于肾脏内侧脂肪层中，左右各一枚，呈红褐色，又称"副肾"，俗称"小腰子"。摘除时，用刀轻轻将脂肪划破，用手取下腺体，单独存放供制药原料，因肾上腺内含多种有害激素，人食后易引起中毒，禁止食用。摘除病变淋巴腺，肉尸的淋巴腺分布很广，检验人员剖检时暴露出来的病变淋巴结，如有出血、化脓、淤血、局部结核、坏死、变性等病理变化，应全部摘除，防止食后对人引起危害。

（13）修整 通过操作人员仔细观察，将肉尸上残留的长毛、短毛、茸毛、毛根和小皮修刮干净。修净刀口处血、腺、肉，修割伤斑、暗疮、脓疮、湿疹等。修割时要根据局部病灶面积适当下刀，特别是修割表皮时，要下刀浅、走刀平，由浅入深，既要修净，又要少带肉。

（14）定级记数 给白条肉定级，并认真做好计量和记录工作。白条肉质量定级见表3-9。

表3-9 白条肉质量定级表

级　　别	膘厚/cm	体重/kg
一级	≤2.5	50～80
二级	≤3.5	50～80
三级	≤4.5	50～80
四级	>4.5	<50 或>90

2. 鸡屠宰分割工艺要点

（1）外挂、割喉

① 挂鸡。双手握住腿的肘部上挂。注意：

• 轻、稳、准，不准单爪上挂；

• 挂鸡时不许抓鸡头、鸡翅；

• 1.75kg 以下的毛鸡、死鸡不准与正常鸡一起上挂；

• 不准野蛮操作。

② 割喉。左手握住头部旋转 90°，右手拿刀从耳后无毛处入刀切断左颈动脉。注意：

• 刀口不要过深过长，长度不准超过 1.5～2cm；

• 不割伤气管、食管；

• 放血不良不得超过 0.1%；

• 沥血时间 5～6min。

（2）中拔

① 浸烫。水温 58.5～62℃。注意：

• 浸烫时间 60～70s；

• 烫白不得超过 2%；

• 根据链条速度，掌握温度。

② 打毛。根据鸡体的大小调整设备。注意：

• 打毛时间为 27～30s；

• 断爪不准超过 10%；

• 断翅不准超过 7%。

③ 钳毛。包括翅毛、腿毛、尾毛、头毛。注意：不允许残留过多的羽毛或小毛。

④ 开腔。右手拿刀，从鸡肛处入刀。注意：

• 大鸡开口 5～8cm，小鸡开口 4～6cm；

• 肠道破损≤1%；

• 不允许伤胸。

⑤ 自动下挂。注意：放血不良、过度消瘦的鸡体挑出，放到指定地点处理。

⑥ 上挂。双手握住左翅上挂。注意：轻、稳、准，不准野蛮操作。

⑦ 割头。左手把住头部，右手持刀，从刀口处入刀，将头割下。注意：不准带过长的脖皮。

⑧ 抠嗉子、割嗉子。左手把住鸡脖，右手持刀，中指插入腔内，将嗉子取出，割下。注意：

• 不允许伤脖、胸；

• 饲料污染≤2%。

⑨ 割爪。左手把住腿的肘部，右手拿刀，从肘骨与爪骨连接处切开。注意：不允许伤肘骨。

⑩ 扒肠。左手扶住鸡体，右手插入腔内，将肠子扒出。

⑪ 割肠。注意：

• 不允许留肠头；

• 粪便污染≤1%。

⑫ 掏胗。左手扶住鸡体，右手伸入腔内，握住腺胃，将鸡胗掏出。注意：腺胃残留≤1%。

⑬ 掏肝。左手扶住鸡体，右手插入腔内，将连心肝掏出。注意：

• 内脏残留≤1%；

• 胆汁≤2%；

• 肝破损≤3%。

⑭ 撸脖皮。将气管与脖皮分离。

⑮ 扒油。双手同时抓住臀油，用力将其分离。注意：鸡体不要有残留的臀油。

⑯ 拽气管。注意：腔内不准残留气管。

⑰ 掏腔。掏出上道工序的残留物。

⑱ 转挂。

（3）解体

① 冷却。降低鸡体温度，抑制细菌生长，使骨肉分离，保持鸡体的新鲜度。注意：

• 冷却水温 0～4℃；

• 消毒液浓度为冻品（50～100ppm❶）、鲜品（80～100ppm）；

• 每隔 20min 添加一次消毒液、冰块；

• 鸡体中心温度 6℃以下、每只鸡溢流量 2L 以上；

• 冷却时间 45min；

• 一槽作用为清洗鸡体表面油污；二槽、三槽作用为清洗、消毒。

② 挂鸡。双手抓住左右翅，同时上挂。注意：

• 轻、稳、准；

• 挂脖；

• 不准有落地鸡。

③ 割脖皮。左手捏住脖皮，右手持刀，从胸腔处入口，将脖皮割下。注意：不允许带食管、气管。

④ 割两侧。左手把住腿的肘部，右手拿刀超过鸡体，沿胸形入刀。注意：

• 大鸡开口 8～10cm，小鸡开口 6～8cm；

• 不准伤腿、骨架、翅、腱部肌肉。

⑤ 割后背。左手握住腿的上半部，右手拿刀，从颈椎至尾部竖划一刀，将腿掰开旋转 180°，从凹陷处横割一刀，呈"＋"型。注意：

• 不准伤翅、骨架、小肉、腿；

• 必须割到位，胸皮与腿皮不许有连接现象。

⑥ 刮小肉。左手把住腿的上半部，右手拿刀，从髋关节下刀，沿骨盒下划。注意：

• 使用弯形小刀；

• 刮左腿刀上下垂直入刀，刮右腿刀放平入刀（使用腕力）；

• 不准伤腿、不准带骨膜。

⑦ 割腿。左手把住腿的上半部，右手拿刀，第一刀切断髋关节筋腱，第二刀按住骨架，将腿扯到一定位置；第三刀沿腿形下滑，将腿割下。注意：

• 不准带长皮，骨膜；

• 不准带骨架；

• 骨架上不允许带过多的肉。

⑧ 割翅。左手握住后翅，右手拿刀，从肩胛骨处入刀，切断肩胛筋腱，刀按住骨架，将翅扯下。注意：

---

❶ 1ppm＝10^{-6}。

- 不准带骨片、锁骨；
- 骨架带肉不准超过 4g，软骨带肉不准超过 2g；
- 不准伤里肌、大胸。

⑨ 划胸刀。左手扶住鸡架背部，右手拿刀插入锁骨，沿胧骨下滑。注意：不准伤里肌，不准带骨膜。

⑩ 拽里肌。左手扶住鸡架背部，右手拿钳子，镊住筋腱，顺势拉下。注意：破损里肌≤2％。

⑪ 割软骨。左手扶住骨架，右手拿刀点开隆骨与软骨连接处，将软骨割下。

⑫ 割臀皮。左手捏住臀皮，右手拿刀，沿臀皮与骨架连接处切下。注意：骨架上不允许残留过多的臀皮。

⑬ 割鸡尾。左手把住鸡尾，右手拿刀，切开尾髓骨。注意：不要带长皮。

⑭ 砍脖。食指插腔内，大拇指、食指把住隆骨，右手拿刀，45°将脖砍下。注意：

- 碎架、淤血架、大架、小架区分称量包装；
- 不允许伤骨架。

⑮ 摘脖。将残余的脖皮、气管、淋巴油撸下。

⑯ 骨架检验、包装、入库。

（4）腿肉

① 去骨。第一刀：左手把住肘骨，右手拿刀，从肘部处入刀，沿胫骨、股骨下滑。第二刀：点开膝关节。第三刀：将腿拿起，掰开膝关节，刀绕股骨转一周，使肉与骨棒分离，将股骨按在菜板上，左手将腿向后拉，切掉股骨。第四刀：食指、大拇指把住胫骨，刀平插入胫骨背面，向肘骨方向滑去，切断肘骨筋腱，右手中指、无名指夹住肘骨，将腿向后掰。第五刀：左手托住腿肉，右手拿刀，将膝软骨割下。注意：

- 骨棒带肉不许超过 3g；
- 不准带骨膜、长皮；
- 淤血腿肉提出；
- 漏洞、断裂、骨膜≤2％。

② 产品分级、包装、入库。

（5）胸肉

① 分切。左手捏住胸肉，切开胸连翅。注意：

- 不允许伤中翅；
- 后翅不带过多的肉和皮。

② 切一刀。左手把住中翅，右手持刀，从中翅与后翅关节处切开。

③ 切二刀。左手把住中翅，右手拿刀，从翅中与翅尖关节处切开。注意：

- 不允许伤中翅；
- 变质、淤血翅与正常翅分开。

④ 修型。修去肩肉、胸囊炎、多余的脂肪，保持胸肉的原型。注意：不能残留胸囊炎、脂肪。

⑤ 切里肌。左手把住里肌筋头处，右手拿刀，将里肌筋头切下。注意：
· 碎里肌、变质里肌提出；
· 里肌筋头不允许带过多的肉。
⑥ 摆盘、包装、入库。

第三节 物料计算

一、物料计算的内容

物料计算是计算食品工厂生产中各个环节选用原料、加入辅料、处理加工、使用包装材料以及生产成品等全部过程中的量的变化。通过物料计算，可以计算出原料和辅料的消耗量，绘制出原料、辅料耗用表和物料平衡图，可以确定各种主要物料的采购运输量和仓库贮存量，并且为下一步设备计算、热量计算、管路设计等提供依据；还为劳动定员、生产班次以及成本核算提供计算依据。

物料计算时，必须使原料、辅料的数量与经过加工处理后所得成品量和损耗量相平衡。计算对象可以是全厂、全车间、某一生产线、某一产品，是一年或一月或一日或一个班次，也可以是单位批次的物料数量。一般都是从具体、简单开始，然后汇总出全厂的物料计算。

二、物料计算的指标

物料计算的基本资料是"技术经济定额指标"，而技术经济定额指标又是各工厂在生产实践中积累起来的经验数值，基本上是大量生产企业长期生产数据的总结。这些数据因具体的条件而异，往往由于地区差别以及机械化程度和原料品种、成熟度、新鲜度及操作条件等的不同而有一定的变化。选用时要根据设计工厂的具体情况，对比相同类型、相近条件工厂的有关技术经济指标定额，进行适当修正。

物料计算时的各种指标也可通过实际生产或实验求得，设计使用时更应注意指标的特定性及适应性。

三、物料计算的方法

一般食品工厂的工艺设计都是以"班"产量为基准进行物料计算。

$$每班耗用原料量(kg/班)＝单位产品耗用原料量(kg/t)×班产量(t/班) \qquad (3-1)$$

$$每班耗用各种辅料量(kg/班)＝单位产品耗用各种辅料量(kg/t)×班产量(t/班)$$
$$(3-2)$$

$$每班耗用包装容器量(只/班)＝单位产品耗用包装容器量(只/t)×班产量(t/班)×$$
$$(1＋0.1\%)(0.1\%是包装容器的一般损耗量) \qquad (3-3)$$

物料计算时可以"班"产量产品为基准，利用各种定额指标，计算出所需各种原料、辅料及包装材料。也可以一"班"使用的一种主要原料为基准，利用各种定额指标，计算出需配用的各种辅料及包装材料、生产多少产品等。

下面列举几种产品的物料计算及部分原料利用率表，供参考，见表3-10～表3-18。

表 3-10　班产 10t 午餐肉的物料计算

项　　目	指　　标	每班实际量
成品		10.04t
340g 装 50%	成品率 99.7%	5.02t
397g 装 50%		5.02t
猪肉消耗量		
净肉	854kg/t	8.48t
或冻片肉	成品出肉率 60%	14.0t
辅料消耗量		
淀粉	62kg/t 成品	623kg
混合盐	20kg/t 成品	201kg
冰屑	105kg/t 成品	1054kg
空罐耗用量	损耗率 1%	
304 号	3001 罐/t	15064 套
962 号	2607 罐/t	13087 套
纸箱耗用量		
304 号	48 罐/箱	308 只
962 号	48 罐/箱	264 只
劳动工日消耗	18~23 工日/t	180~230 人

表 3-11　班产 12t 番茄酱罐头物料计算

项　　目	指　　标	每班实际量
成品		12.026t
70g 装 20%		2.405t
198g 装 30%	成品率 99.7%	3.608t
3000g 装 50%		6.013t
番茄消耗量		
70g 装	7.2t/t 成品	17.32t
198g 装	7.1t/t 成品	25.62t
3000g 装	7.0t/t 成品	42.09t
合计		85.03t
番茄投料量	不合格率 2%	86.73t
空罐耗用量	损耗率 1%	
539 号	14429 罐/t	34702 只
668 号	5102 罐/t	18408 只
15173 号	337 罐/t	2026 只
纸箱耗用量		
539 号	200 罐/箱	172 只
668 号	96 罐/箱	190 只
15173 号	6 罐/箱	335 只
劳动工日消耗		
70g 装	26~30 工日/t	
198g 装	18~24 工日/t	
3000g 装	8~12 工日/t	
需工人数		3×(60~75)人

表 3-12 班产 20t 蘑菇罐头物料计算

项　　目	指　　标	每班实际量
成品		20.06t
850g 装 30%		6.018t
整菇 60%		3.611t
片菇 40%	成品率 99.7%	2.407t
425g 装 50%		10.03t
整菇 60%		6.018t
片菇 40%		4.012t
284g 装 20%		4.012t
整菇 60%		4.012t
片菇 40%		1.605t
蘑菇消耗量		
850g 整菇	0.87t/t 成品	3.14t
850g 片菇	0.88t/t 成品	2.12t
425g 整菇	0.90t/t 成品	5.42t
425g 片菇	0.90t/t 成品	3.61t
284g 整菇	0.91t/t 成品	2.20t
284g 片菇	0.92t/t 成品	1.48t
合计		17.97t
食盐消耗量	22kg/t	455kg
空罐耗用量	损耗率 1%	
9124 号	1189 罐/t	7155 只
7114 号	2377 罐/t	23841 只
6101 号	3556 罐/t	14267 只
纸箱耗用量		
9124 号	24 罐/箱	296 只
7114 号	24 罐/箱	984 只
6101 号	48 罐/箱	295 只
劳动工日消耗	15～18 工日/t	300～360 人

表 3-13 班产 20t 青刀豆罐头物料计算

项　　目	指　　标	每班实际量
成品		20.06t
850g 装 45%		9.03t
567g 装 30%	成品率 99.7%	6.02t
425g 装 25%		5.01t
青刀豆消耗量		
850g 装	0.74t/t 成品	6.68t
567g 装	0.70t/t 成品	4.22t
425g 装	0.75t/t 成品	3.76t
合计		14.66t
青刀豆投料量	不合格率 4%	15.27t
食盐消耗量	25kg/t	505kg
空罐耗用量	损耗率 1%	
9124 号	1189 罐/t	10737 只
8117 号	1782 罐/t	10728 只
7114 号	2377 罐/t	11909 只
纸箱耗用量		
9124 号	24 罐/箱	443 只
8117 号	24 罐/箱	443 只
7114 号	24 罐/箱	491 只
劳动工日消耗	25～30 工日/t	500～600 人

表 3-14 鲜猪肉原料消耗量表

出肉率/%	每吨鲜肉耗用毛猪/t	冷冻干耗/%	每吨冻肉耗用毛猪/t
65	1.538	2.9	1.584
67	1.493	2.9	1.536
70	1.429	2.9	1.471

表 3-15　鸡屠宰分割出成率表

单位/g

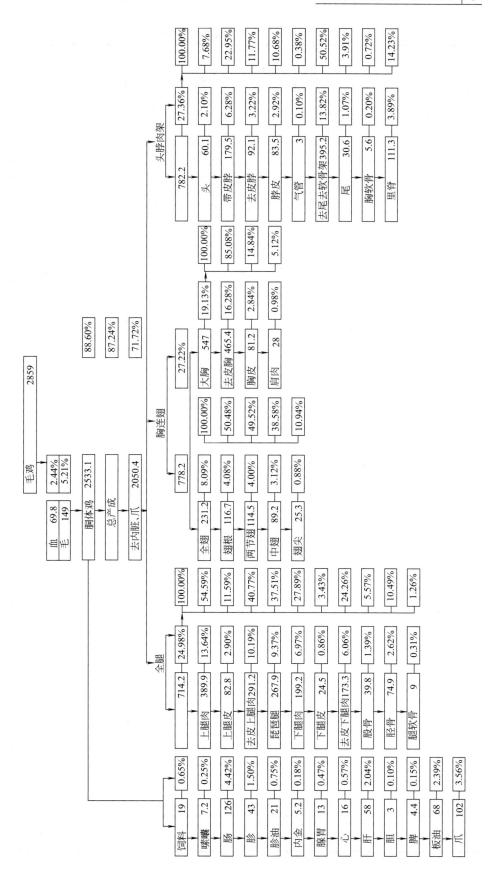

表 3-16 主要乳制品的物料计算

产品名称		全脂奶粉	全脂甜奶粉	甜炼乳	消毒奶	麦乳精（配500kg料）	冰激凌（配1t料）	奶油
原乳量/kg		1000	1000	1000	1000			1000
提取稀奶油量40%/kg		25.2	25.2	25.2	25.2			25.2
标准乳量/kg		974.8	974.8	974.8	974.8			
辅助材料量/kg	砂糖		27.93	154		101.55	160	
	精盐							0.32
	乳糖			0.1				
	全脂奶粉					22.07	43.26	
	全蛋粉					3.30	20	
	甜炼乳					217.5		
	葡萄糖粉					14.25		
	麦精					92.50		
	稀奶油					21.63	108.46	
	可可粉					36.5		
	明胶						5	
浓缩量/kg	进浓缩锅糖液量65%		43	243				
	进浓缩锅总量	974.8	1022.8	1208.8				
	浓奶量	259	274	357				
	水分蒸发量	715.8	748.8	851.8				
干燥量/kg	干制品量	111	139.79			407		
	水分蒸发量	148	134			93		
结晶凝冻量/kg				357			1000	
成品/kg		109	139	351	955	403	980	12

表 3-17　部分物料利用率表

序号	原料名称	工艺损耗率	原料利用率
1	芦柑	橘皮 24.74%，橘核 4.38%，碎块 1.97%，坏橘 6.21%，损耗 6.66%	56.04%
2	蕉柑	橘皮 29.43%，橘核 2.82%，碎块 1.84%，坏橘 2.6%，损耗 3.53%	59.78%
3	菠萝	皮 28%，根、头 13.06%，蕊 5.52%，碎块 5.53%，修整肉 4.38%，坏肉 1.68%，损耗 8.10%	33.73%
4	苹果	果皮 12%，子核 10%，坏肉 2.6%，碎块 2.85%，果蒂梗 3.65%，损耗 4.9%	64%
5	枇杷	草种——果梗 4.01%，皮核 42.33%，果萼 3%，损耗 4.66%	46%
		红种——果梗 4%，皮核 41.67%，果萼 2.5%，损耗 3.05%	48.78%
6	桃子	皮 22%，核 11%，不合格 10%，碎块 5%，损耗 1.5%	50.5%
7	生梨	皮 14%，核 10%，果梗蒂 4%，碎块 2%，损耗 3.5%	66.5%
8	李子	皮 22%，核 10%，果蒂 1%，不合格 5%，损耗 2%	60%
9	杏子	皮 20%，核 10%，修正 2%，不合格 4%，损耗 2.5%	61.5%
10	樱桃	皮 2%，核 10%，坏肉 4%，不合格 10%，损耗 2.5%	71.5%
11	青豆	豆 53.52%，废豆 4.92%，损耗 1.27%	40.29%
12	番茄（干物质 28%～30%）	皮渣 6.47%，蒂 5.20%，脱水 72%，损耗 2.13%	14.2%
13	猪肉	出肉率 66%（带皮带骨），损耗 8.39%，副产品占 25.61%。其中：头 5.17%，心 0.3%，肺 0.59%，肝 1.72%，腰 0.33%，肚 0.9%，大肠 2.16%，小肠 1.31%，舌 0.32%，脚 1.72%，血 2.59%，花油 2.59%，板油 3.88%，其他 2.03%	
14	羊肉	出肉率 40%，损耗 20.63%，副产品占 39.37%。其中：羊皮 8.42%，羊毛 3.95%，肝 2.69%，肚 3.60%，肺 1.31%，心 0.66%，头 6.9%，肠 1.31%，油 2.7%，脚 2.63%，血 4.47%，其他 0.73%	
15	牛肉	出肉率 38.33%（带骨出肉率 75%），损耗 12.5%，副产品占 49.17%。其中：骨 14.67%，皮 9%，肝 1.37%，肺 1.17%，肚 2.4%，腰 0.22%，肠 1.5%，舌 0.39%，头肉 2.27%，血 4.62%，油 3.28%，心 0.52%，脚筋 0.31%，牛尾 0.33%，其他 7.12%	
16	家禽（鸡）	出肉率 81%～82%（半净膛）、66%（全净膛），肉净重占 36%，骨净重占 18%，羽毛净重占 12%，油净重占 6%，血 1.3%，头脚 6.4%，内脏 18.8%，损耗 1.5%	
17	青鱼	出肉率 48.25%，损耗 1.5%，副产品 50.25%。其中：鱼皮 4%，鱼鳞 2.5%，内脏 9.75%，头尾骨 34%	

表 3-18 部分肉、禽、水产品的原料消耗定额及劳动力定额参考表

序号	产品名称	净重/g	固形物含量/%	固形物装入量/kg·t⁻¹	原料定额名称	原料定额数量/kg·t⁻¹	辅助定额 油	辅助定额 粮	其他名称	其他数量/kg·t⁻¹	工艺得率/% 加工处理	工艺得率/% 预煮	工艺得率/% 油炸	工艺得率/% 增重(-)脱水(+)	其他损耗	总得率/%	劳动率定额/人·t⁻¹
1	原汁猪肉	397	65	905	冻猪片	1215					76				2	74.5	8~12
2	红烧扣肉	397	70	670	冻猪片	1200	120				82	88	88		2	56	
3	清蒸猪肉	550	70	954	冻猪片	1280					76		90		2	74.5	7~10
4	猪肝酱	142		340,648	猪肝肥膘	400,670			玉米粉	0.39	86	100			1	85	28~31
5	午餐肉	397		831	去膘冻猪片	1170		淀粉62	丁香面	0.19	72	98			1	97	11~15
6	红烧排骨	397	70	744	去膘冻猪片	1260	120		玉米粉	0.31	86	88	70		2	71	
7	红烧圆蹄	397	70	680	去膘冻猪片	1190	猪油50				82	80	90		2	59	
8	红烧猪肉	397	70	718	去膘冻猪片	1336	100				82	80	75		3	57	14~17
9	猪肉香肠	454	55	529	去膘冻猪片	1150			玉米粉	0.24	63		熏75		3	54	
10	咖喱兔肉	256	60	664	冻兔(胴体)	1150	60	24	丁香粉	0.55	82.5	76			3	46	15~18
11	茄汁兔肉	256	60	645	冻兔(胴体)	1100	70	14	12%茄酱	190	82.5	76			7	58	
12	牛羊午餐肉	340		322	牛肉、羊肉	475,475		102	玉米粉	0.83	70				5	59	
13	咸牛肉	340		949	牛肉	1600		65			70	85			3	68	
14	咸羊肉	340		949	羊肉	1600		65			70	85			1	59	
15	红烧牛肉	312	60	609	牛肉	1523	70				74	58			1	40	13~17
16	咖喱牛肉	227	55	529	牛肉	1511	70	20	琼脂	230	74	52			6	35	11~15
17	白烧鸡	397	53	1000	半净膛	1490	鸡油38				70				8	67	11~15
18	白烧鸭	500	53	1019	半净膛	1460	鸭油40				70				4	69	10~14

续表

| 序号 | 产品 | | | | 原料定额 | | 辅助定额/kg·t⁻¹ | | 其他 | | 工艺得率/% | | | | 其他损耗 | 总得率/% | 劳动率定额/人·t⁻¹ |
	名称	净重/g	固形物含量/%	固形物装入量/kg·t⁻¹	名称	数量/kg·t⁻¹	油	粮	名称	数量/kg·t⁻¹	加工处理	预煮	油炸	增重(-)脱水(+)/%			
19	去骨鸡	140	75	915	半净膛	2800					45	75			8	33	20~27
20	红烧鸡	397	65	730	半净膛	1360	50		玉米粉	0.24	70	80			4	54	12~16
21	红烧鸭	397	65	655	半净膛	1380					68	75			7	47	10~14
22	咖喱鸡	312	60	525	半净膛	1017	70		面粉	38	70		70		1	49	16~21
23	烤鸭	250		920	半净膛	2440	150	20	玉米	6	68	85	68		4	37.7	
24	烤鹅	397	58	844	半净膛	1835	120				70	75	90		2	46	18~22
25	油浸青鱼	425	90	888	青鱼	1620	163				头15	内脏20	不合格1.6		2.4	63	
26	油浸鲅鱼	256	90	1074	鲅鱼	1603	163				头12	内脏18	不合格0.6		2.4	67	16~20
27	油浸鳗鱼	256	90	1152	鳗鱼	1580	148				头12	内脏11	不合格0.6		3.4	73	
28	茄汁黄鱼	256	70	664	大黄鱼	2075		糖20			头24	内脏15		21	8	32	
29	茄汁鲑鱼	256	70	703	花鲢鱼	2050	100				头31	内脏14		17	4	34	
30	凤尾鱼	184		1000	凤尾鱼	1920	290				头17			56~28	3	52	25~30
31	油炸蛎	227	80	771	熟蛎肉	2106	290	糖22						56	7.4	36.6	
32	清汤蛎	185	60	703	蛎肉	1520						壳13		31	22.7	46.3	18~33
33	清蒸对虾	300	85	997	对虾(秋汛)	3560					头35		不合格2	15	7	28	
34	原汁鲍鱼	425		595	盘大鲍	2587						内脏33	不合格22	13	9	23	
35	豉油鱿鱼	312	55	609	鱿鱼(春)	2436							不合格22	43	10	25	

第四节　生产车间设备的选型及配套

设备选型是保证产品产量的关键和体现生产水平的标准，是工艺布置的基础，同时为动力配电、水、汽用量计算提供依据。

一、设备概述

食品工厂生产的产品种类多，使用的设备各式各样。设备生产厂家遍及国内外，其型号、规格不一，为使设计者正确选择设备，满足工艺要求，确保食品工厂产品的产量和质量，下面分类介绍常见食品生产的主要设备。

1. 罐头食品加工厂主要设备

罐头食品工厂有空罐车间、实罐车间和其他辅助车间及部门，生产中需要的主要设备有以下七类。

（1）输送设备　一般分固体输送设备和液体输送设备两类。

① 固体输送设备。由于其用途和功能不同，又分为带式输送机、斗式提升机和螺旋输送机等。

a. 带式输送机。这是食品工厂中应用最广的一种连续输送机械，适用块状、颗粒状及整件物料于水平方向或倾斜方向运送。同时，还可以作拣选工作台、清洗、预处理、装填操作台等用途。

b. 斗式提升机。食品工厂连续化生产中，用于不同高度物料垂直方向的输送，如从地面运送到楼上。

c. 螺旋输送机。适用于需要密闭运输的物料，如颗粒状物料。

② 液体输送设备。在液体输送设备中，常用的有流送槽、真空吸料装置、泵等。在食品工厂常用的泵有卫生泵、螺杆泵、齿轮泵等。

a. 流送槽。流送槽属于水力输送物料装置，用于把番茄、蘑菇、菠萝及其他块茎类原料从堆放场送到清洗机或预煮机中。

b. 真空吸料装置。这是一种利用真空系统对流体进行短距离输送的装置。对果酱、番茄酱等或带有固体块料的物料很适合，但输送距离不大、效率低。

c. 卫生泵。食品工厂用于流体输送，在乳品厂该泵应用更广泛。与离心泵工作原理、用途相同。液体接触部分用不锈钢制作，以确保食品卫生，所以称卫生泵。

d. 螺杆泵。螺杆泵是一种回转容积式泵，目前食品工厂多用单螺杆卧式泵，多用于黏稠液体或带固体物料、酱体物料的输送，如番茄酱连续生产流水线上常采用此泵。

（2）清洗设备　食品原料从生长、成熟到运输，以及贮藏过程中会受灰尘、沙土、微生物及其他污物的污染，加工前必须清洗。此外，为保证食品容器清洁也必须有清洗机械设备。

常用清洗设备有鼓风式清洗机、空罐清洗机、全自动洗瓶机、实罐清洗机等。

鼓风式清洗机是利用空气进行搅拌，既可加速污物从原料上洗去，又可保证原料在强烈翻动下不破坏其完整性，最适合果蔬原料的清洗。

全自动洗瓶机用于果汁、汽水、牛奶、啤酒等玻璃瓶的清洗。

（3）原料预处理设备 常用的原料预处理设备有分级机、切片机（如蘑菇定向切片机、菠萝切片机）、榨汁机、果蔬去皮机、打浆机、分离机等。

（4）热处理设备 食品工厂热处理设备主要用于原料脱水、抑制微生物或杀菌、排除食品组织中的空气、破坏酶活力、保持产品颜色等的操作。如预煮、预热、蒸发浓缩、干燥、排气、杀菌所用的设备。

① 热交换器

a. 列管式热交换器。用于番茄汁、果汁、乳品等液体食品生产中做高温短时或超高温短时杀菌及杀菌后及时冷却。板式热交换器用于牛奶高温短时或超高温杀菌，也可作食品物料的加热杀菌和冷却。

b. 夹层锅。常用于物料热烫、预煮、调味液配制、熬煮浓缩产品。

c. 连续预煮机。广泛用于蘑菇、青刀豆、果蔬原料的预煮等。

② 真空浓缩设备。真空浓缩装置除真空浓缩设备外，还有附属设备，主要包括捕沫器、冷凝器及真空装置等。

捕沫器分惯性型捕沫器、离心型捕沫器、表面型捕沫器等。一般安装在浓缩设备的蒸发分离室顶部或侧部。其主要作用是防止蒸发过程中形成的微细液滴被二次蒸汽夹带逸出，从而可减少物料损失，防止污染管道及其他浓缩器的加热表面。

冷凝器有大气式冷凝器、表面式冷凝器、低位冷凝器、喷射式冷凝器等，其主要作用是将真空浓缩所产生的二次蒸汽进行冷凝，并将其中不凝结气体分离，以减少真空装置的容积负荷，同时保证达到所需要的真空度。

真空装置有机械泵和喷射泵两大类。常用的机械泵有往复式真空泵和水环式真空泵。常用的喷射泵有蒸汽喷射泵和水力喷射泵等。真空泵的主要作用是抽取不凝结气体，降低浓缩锅内压力，从而降低料液的沸腾温度，有利于提高食品的质量。

③ 杀菌设备。按其杀菌温度不同，可分为常压杀菌和加压杀菌。按其操作方法分，有连续杀菌和间歇杀菌。罐头厂常用的间歇杀菌设备有立式杀菌器、卧式杀菌器。连续杀菌设备有常压连续杀菌器、静水压连续杀菌器、水封式连续高压杀菌器、火焰杀菌器、真空杀菌器及微波杀菌器等。

（5）封罐设备 罐头的品种繁多，容器及罐形多样，容器的材料各异，所以封罐机多种多样，包括手动封罐机、半自动封罐机、自动封罐机（单机头自动真空封罐机和多头自动真空封罐机）、四旋盖拧盖封罐机等。

（6）成品包装机械 常用的有贴标机、装箱机、封箱机、捆扎机等。

（7）制罐设备

① 空罐罐身设备。包括焊锡设备（单机和自动焊锡机）、电阻焊设备。

② 空罐罐盖设备。包括剪板、冲床、圆盖机、注胶机、罐盖烘干机及球磨机等。

罐头加工常用的设备见表 3-19。

2. 乳制品加工厂主要设备

表 3-19　罐头食品厂常用罐头加工设备

产品名称	型　号	规　格	外形尺寸 （长×宽×高）/mm
四头全自动真空封罐机	GT4B12	圆罐 130 罐/min	2278×1660×1925
自动真空封罐机	GT4B32	圆罐 50 罐/min	1210×1530×1900
自动真空封罐机	GT4B2B	圆罐 42 罐/min	1330×1170×2000
自动真空封罐机	GT4B26	圆罐 60 罐/min	1115×800×1600
异型封罐机	GT4AC(QBF-40)	圆罐 42 罐/min， 异型罐 25 罐/min	
四头异型封罐机	GT4B7	异型罐 90～150 罐/min	
绞肉机	JR1000	生产能力 1000kg/h	810×420×1050
斩拌机	ZB125	生产能力 30kg/次	2100×1420×1650
真空搅拌机	GT6E5	250L	
肉糜输送机	GT9D29	250～2000kg/h	
肉糜装卸机	GT7A6	80～120 罐/min	
浮选机	GT5A1(J-24-01)	20t/h	
番茄(猕猴桃)去籽机	GT6A13(1-7A)	生产能力 7t/h	2130×870×1935
去籽贮槽	GT5G9(J-24-18)	350L	
预热器	YR-8	番茄酱用 8t/h	3200×615×1350
三道打酱机	GT6F5	生产能力 7t/h	1980×1700×2275
打浆贮槽	GT9G10(I-24-9)	1200～1500L	
成品贮槽	GT9G11(I-24-20)	550L	
番茄真空浓缩锅	GT6K14(GT6K14-03)	12t/d	
杀菌器	GT6C4(I-14B-01)	8t/d	
螺杆浓缩泵	GT9J8	流量 8t/h	
连续杀菌机	GT6C15	连续杀菌 30 罐/min	
番茄去皮联合机	GT6J22	去皮、烫皮、提升 6t/h	
可倾式夹层锅	GT6J6A	容量：300L	2120×1150×1100
夹层锅	GT6J6	容量：600L	1500×1160×1940
搅拌式夹层锅	GT6J19	容量：600L	
真空泵	2W-176		
卧式杀菌锅	GT7C5	体积：3.6m³	4050×1700×1800
立式杀菌锅	GT7C3	体积：1m³	2200×1220×2000

常用的乳品设备除了前面介绍的夹层锅、洗瓶机、热交换器、真空浓缩设备等外，还有奶油分离机、均质机、摔油机、干燥机械及设备、凝冻机、冰激凌装杯机等。

（1）均质机　它是特殊的高压泵，在高压作用下，可使料液中的脂肪球碎裂至直径小于 $2\mu m$。在生产淡炼乳时，减少脂肪上浮现象，并能促进人体对脂肪的消化吸收；冰激凌生产中使牛乳的表面张力降低，增加黏度，得到均匀一致的胶黏混合物，提高产品质量。目前常用的均质机是高压均质机。

（2）干燥设备　干燥设备有喷雾干燥设备、微波干燥设备、红外辐射干燥设备、真空干燥设备、冷冻升华干燥设备、沸腾干燥设备等。奶粉生产用压力喷雾干燥设备和离心喷雾干燥设备。麦乳精生产中用真空干燥设备。

（3）其他　冰激凌生产用凝冻机和冰激凌装杯机。摔油机用于黄油生产中，可使脂肪球互相聚合而形成奶油粒，同时分出酪乳。

乳品加工常用的设备见表 3-20。

3. 焙烤制品加工厂的主要设备

焙烤制品包括饼干、面包、糕点等面制品。生产设备主要有和面机、叠片机、成型机、烤箱或隧道式烤炉等。

4. 糖果食品加工的主要设备

糖果生产线主要由化糖、熬糖、叠糖、拉条、成型、包装等环节构成。化糖用夹层锅进行，熬糖则用真空熬糖设备进行。拉条是为成型做准备，以保证成型质量。糖果拉条机由保温辊床与拉条机组成。保温辊床是将糖团保温和拉长，拉条机是将保温辊床拉长的糖坯进一步拉延成条供冲糖机使用。

表 3-20 常用乳品机械产品表

产 品 名 称	型 号	主 要 参 数
离心式奶泵	BAW 150（N 302）	5000kg/h
离心式奶泵	QP 102（HBT-5）	5000kg/h
离心式奶泵	（N 304）	3000kg/h
离心式奶泵	RP1C1（HBT-3）	3000kg/h
高压泵	3WR	流量 1.5m³/h
高压泵	RP 02	流量 0.82m³/h
真空浓缩锅	SPB₉B-9	300L/h
真空浓缩锅	SPB₉B-10	300L/h
真空浓缩锅	ANG-700	700L/h
真空浓缩锅	SPB₉B-11	700L/h
连续浓缩锅	LN-1000	1000L/h
双效降膜式蒸发器	ASJ-12	1200L/h
冷热缸	AB-6	600L
冷热缸	AB-10	1000L
立式贮奶缸	LCH-2	2t
立式贮奶缸	LCH-5	5t
立式贮奶缸		10t
牛奶消毒保温器	SDK-5	500L
牛奶消毒保温器	SDK-10	1000L（低温）
消毒器	SPA-14 A-01	巴氏 1000L/h
离心喷雾机	LP150 型	150L/h
离心喷雾机	LP 500 型（N 604）	500L/h
吊悬式筛粉机	N 901	1000L/h
小型奶粉设备	LP-2K-73-1	4t/日
奶油分离器	FL-74	500L/h
奶油分离器	DRL 200（N 104）	1000L/h
板式热交换成套设备	BP₂-d-13 型（SY-P-3）	杀菌 7L/h
板式冷却器	BP₂-J-3-6（SY-P-5）	5t/h
磅奶槽	BC-300	300L
受奶槽	NC-600	600L
双联过滤器	AL-300	
立式真空结晶缸	RJ-5	500L
空气加热器	RP₄E₁（HIR-P-5）	散热面积 360m²，160℃
奶油搅拌器	RPJ 180 型（N 903）	180kg/h

5. 饮料生产的主要设备

饮料的范围越来越广，一般指不含酒精的以补充人体水分为主要目的的流质饮品，如碳酸饮料、果汁和蔬菜汁及乳性饮料、豆奶、固体饮料、矿泉水等。生产这些饮料的设备很多，如生产碳酸饮料的设备有水处理设备、溶糖设备、汽水混合机、灌装机等；生产果汁、蔬菜汁的设备有破碎机、打浆机、澄清过滤设备、均质脱气设备、浓缩杀菌设备等。对固体饮料还有干燥设备、包装设备等。较先进的饮料包装设备有易拉罐、利乐包、康美盒等，这些包装均给饮料的食用带来了很大的方便。

具体来说，碳酸饮料生产过程中常用的设备大致分为三类，即水处理设备、配料设备及灌装设备，另外还有卸箱机、洗箱机、装瓶机、装箱机等。

饮料加工常用的设备见表 3-21。

表 3-21　饮料加工常用设备

产品名称	型号	规格	外形尺寸 （长×宽×高）/mm
反渗透水处理器	HYF2.0		2400×800×1800
电渗析超纯净水过滤器	HYW-0.2		1200×900×1400
逆流再生离子交换器	HYB-2	最大生产能力：0.3t/h	ϕ400×3000
紫外线饮水消毒器	ZYX-0.3	灯管总功率：0.25kW	450×250×520
砂棒过滤器	101	生产能力：1.5t/h	
水过滤器	106	生产能力：1.0t/h	500×500×600
净水器	SST103	生产能力：3～6t/h	ϕ480×1800
钠离子交换器	SN₂-4	生产能力：3t/h	480×480×2600
汽水混合机	QSHJ-3	生产能力：3t/h	2000×1200×2000
一次性混合机	QHC-B	生产能力：2.5dh	
汽水罐装机	GZH-18	7000～12000瓶/8h	1800×1200×1980
不锈钢汽水混合机	QHP1.5	生产能力 1.5m³/h	
汽水桶	QS-25	容积：25L	500×500×800
中央立柱式小型多用罐装机	YSJ001	4000瓶/8h	1600×1600×2200
二氧化碳净化器	EQJ-100	100kg/h	2000×1200×2500
二氧化碳测定仪			120×350×450
饮料混合机		生产能力：0.81～5t/h	1000×800×1600

6. 其他食品生产设备

除以上五大类以外，还有肉类加工、酿造食品加工、脱水食品加工设备等。可查阅《中国食品与包装工程装备手册》或有关食品与包装设备的相关手册及产品说明书。

二、设备的选型及配套

食品工厂生产的产品具有品种多、季节性强的特点，因此，对每一种产品都要按最大班产量进行设备计算和选型，然后将各品种所需的设备归纳起来，相同设备按最大需要量计算。列出满足生产车间全年所需生产设备清单。

物料计算是设备选型的根据，设备选型则要符合工艺的要求，以保证产品产量和提高生产效率。前已叙及，设备选型是工艺布置的基础，并且为动力配电、水、汽用量计算提供依据。

1. 食品工厂选择设备的原则

食品工厂通常采用的设备有：通用机械设备（也称标准设备，如物料输送、动力以及制冷、蒸汽、水处理等设备）；专用生产设备及其生产线（如电阻焊接罐设备或空罐生产线、饮料灌装设备或饮料灌装生产线等、糕点烘烤设备或糕点烘烤生产线）；贮存设备；非标准专业设备等。设备选择时必须遵循下述原则。

（1）与生产能力相匹配的原则　产品产量是选定加工设备的基本依据，设备的加工能力、规格、型号和动力消耗必须与相应的产量相匹配，必须满足生产工艺要求。所选用的设备，其生产能力（容量）、技术参数、台数等都要满足生产要求并要有一定的富余量（一般为 10％～20％）。

（2）利于加工设备在生产线上相匹配的原则　要充分考虑各工段、各流程设备的合理配套，保证各设备流量的相互平衡，即同一工艺流程中所选设备的加工能力大小应基本一致，这样才能保证整个工艺流程中各个工序间、生产环节间的合理衔接，保证生产的顺利进行。

（3）设备先进性、经济性的原则　要综合考虑其性价比，以获得较理想的成套设备。并且在符合投资条件的前提下，重视科技进步与科技投入，不断引进和吸收国内外最新技术成果和装备，尽可能选择精度高、性能优良的现代化技术装备。选用设备时尽量考虑选用配套的、连续式的、自动化程度较高的设备。

（4）使用方便、工作可靠的原则　选择设备时尽量选择系列化、标准化的成熟设备。选用的设备要生产效率高、耗能低，且结构紧凑、占有空间及地面小，操作劳动强度低，清洗、维修方便，安全可靠。对一些关键又易出故障的设备，应适当考虑设备有足够的富余量（备用设备）。

设备的结构应合理，所用材料能适应各种工作条件（温度、压力、湿度、酸碱度等）。在温度、压力、真空、浓度、时间、速度、流量、液位、计数和程序等参数的监控方面应有合理的控制系统。尽量采用自动控制方式。

（5）利于产品改型及扩大生产规模的原则　为了维护企业的可持续发展，生产厂家应根据生产的产品品种及生产规模合理选择设备，注意选用通用性好、一机多用、易于配套生产线的设备，以能够方便当人们消费、饮食习惯发生变化时对产品进行改型，有利于扩大生产。

食品工厂中定型专用设备可根据工序的处理量和设备的铭牌额定产量确定设备的数量；通用标准设备的生产能力则随物料、产品品种、生产工艺条件等的改变而改变（如输送设备、泵、换热器等）；非定型设备及其他则需要根据工艺条件进行必要的工艺计算后方可确定设备的具体形式、结构尺寸等。

（6）满足食品安全卫生要求的原则　食品工厂所选设备的材质、结构等要满足国家及行业标准及规范的要求，要根据企业需要通过的食品安全生产认证的相关要求来配置设备。

2. 设备的选择计算

食品工业行业很多，设备类型也很多。因此设备选型的具体计算可参考专门设计手册。这里只介绍设备选型计算的步骤以及应注意的问题。设备选型计算步骤如下所述。

① 根据班产规模和物料衡算计算出各工段和各过程的物流量（kg/h 或 L/h）、贮存容量（L 或 m³）、传热量（kJ/h）以及蒸发量（kg/h）等，以此作为设备选型计算的依据。

② 按计算的物流量等，根据所选用的设备的生产能力、生产富余量等来计算设备台数、容量、传热面积等。最后确定设备的型号、规格、生产能力、台数、功率等。

在进行设备选型和计算时必须注意到设备的最大生产能力和设备最经济、最合理的生产能力的区别。在生产上是希望设备发挥最大的生产能力，但从设备的安全运转角度来看，如果设备长期都以最大的负荷（生产能力）运转，则是不合理的。因为设备都有一个最佳的运转速度范围，在这一范围内设备耗能最省、设备的使用寿命最长。因此在进行设备选型计算时，不能以设备的最大生产能力作依据而应取其最佳的生产能力。在一般设备的产品样本、目录、广告或铭牌上会标明设备的最大生产能力。其次还要重视的是台机生产能力与台数的选择、搭配，既要考虑连续生产的需要，也要考虑突发事故（如停电、水、汽等）发生时，或变更生产品种时（多品种生产）的可操作性需要，以充分发挥设备的作用，节省投资，保证生产。

食品工厂有些加工设备的生产能力随物料、产品品种、生产工艺条件等而改变，例如流送槽、输送带、杀菌锅等。其生产能力的计算可以参考有关资料进行。

3. 食品机械设备选型的方法

食品企业各具特色，乳制品、肉制品、果蔬产品、方便食品和保健食品等加工企业在进行设备选型时要结合各自产品的特点及资金情况，从相应机械设备发展现状及趋势来综合考虑。

以果蔬、食用菌等软包装罐头生产为例介绍食品机械设备选型的具体方法。

（1）搜集企业资料

① 企业基本资料。首先要搜集加工企业的生产规模（400t/年，0.25t/h）、生产工艺参数和要求等方面的基本资料。

果蔬、食用菌等软包装罐头具体生产工艺流程如下：

盐渍原料 → 挑选去杂 → 浸泡脱盐 → 漂洗切制 → 还原护色 → 沥水降温 → 称重装袋 → 添加汤汁 →

真空封口 → 杀菌冷却 → 保温质检 → 装箱入库

工艺要求为：脱盐终点为含盐量 0.6%，80℃ 恒温护色，真空度为 0.08～0.09kPa，封合温度为 180～200℃，封口宽度大于 0.6cm，杀菌公式为 10～30min/80℃，40℃ 以下水冷却。

其次是根据企业的经济实力和要求的投资产品率、投资利润率、投资效果系数和投资回收期等技术经济指标控制设备总投资，保证要求的经济效果。

② 企业车间平面布置和公用系统要求。搜集设备流程确定所需机械设备的数量、生产能力，车间结构和尺寸，操作工人数量等资料。根据车间平面布置图得到设备具体布置位置、尺寸要求、管路布置和用水、用汽位置等资料。根据设计计划任务书中

给排水、供电、供汽、采暖和通风、制冷等公用系统的要求，掌握企业实际情况，为选用设备提供基础资料。按工艺流程及车间布置确定的具体果蔬、食用菌等软包装罐头生产设备流程如下：

此外，还包括提供能源的锅炉及不锈钢拣选台等辅助设备。设备要求：配套生产能力 0.25t/h，清洗、包装需配备用设备，其余按工艺要求（具体要求略）。

（2）搜集产品信息

① 果蔬、食用菌设备现状及趋势。国外果蔬的商业化加工已有近百年发展史，各种加工手段及设备比较完善，并已形成拥有自己的设备设计制造基地、主导产品和相对稳定的消费市场的一个国际化生产行业。随着世界经济的发展、技术的进步和社会文明程度的提高，果蔬加工机械行业保持较快的发展。

在我国，果蔬加工起步较晚，发展较慢，起步于 20 世纪 70 年代，发展于 80～90 年代，近 10 年的果蔬生产处于飞速发展阶段。但加工机械在整个食品机械发展中明显滞后，表现在没有形成一个有一定规模、相对稳定的市场，缺少专用的成套设备，规模化生产少，多数采用通用设备，大多数为单机组生产。

针对果蔬加工机械的发展趋势，国内外科研机构及果蔬加工机械设计院所将果蔬加工设备发展的趋势总结为大型化、自动化，大力开发成套设备的核心设备，并且大力开发蔬菜制品系列成套设备。

② 比较设备、市场和厂家，考察产品生产，搜集同类企业通用设备运行信息。根据果蔬、食用菌设备发展现状及趋势，宜选用通用性好的单机组配，个别设备宜选用新开发设备。

有目标地搜集设备流程中所列设备的生产厂家、生产能力、性能参数、价格、基本尺寸，为进行单机性能价格比较和确定配套设备提供基础依据。

在完成上述内容后，很关键的一步是走访国内外同类企业，尽量多地了解已投产企业的生产情况、设备运行情况以及实际生产中存在的问题，这是设备选型人员工作的重点，也是新建企业的优势所在。

实际考察中会发现部分企业真空包装设备选型配套性差，造成了资源浪费，部分设备运行可靠性差，单机停用影响生产等问题。

（3）进行机械设备单机分析比较，确定工艺设备 严格按照上述食品机械选型的原则，依据上述工艺要求和具体参数，根据果蔬、食用菌加工企业的经济实力、生产规模及自动化程度，在上述设备流程基础上，对具体设备在质量、参数、生产能力、功率、价格、维修、操作、售后服务等多方面进行综合分析比较，确定最佳配套方案。

果蔬、食用菌加工设备中，清洗脱盐设备、真空包装设备、杀菌设备为比较选用的关键设备，是设备选型时分析的重点，切菜设备、预煮护色设备及输送设备其次，可根据实际情况自行定做或考虑是否选用。

三、设备表

根据设备计算及选型确定了生产设备后，应将所选用的设备列出设备清单或设备表。清单一般按生产流程排列。设备清单（表）的一般格式及内容见表 3-22。根据资料收集情况，设备清单所列项目可少于表 3-22 所列。某些食品厂设备清单见表 3-23～表 3-26。

表 3-22　××食品厂×××车间设备清单

设备名称	规格型号	生产能力	设备功率 /kW·台⁻¹	设备净重 /t	安装尺寸（长×宽×高）/mm	数量 /台	参考价格	金额	备注

表 3-23　日产 100t 番茄酱成套设备表

设备名称	主要参数	台数
刮板升运机	≥30t/h	1
浮洗(选)机	≥30t/h	1
破碎机	≥30t/h	1
预热器	≥30t/h,58～90℃	1
打浆机	≥30t/h	1
储存罐	10000L	1
三效浓缩锅	蒸发量≥24000L/h	1
调速螺杆泵	最大 30t/h,H≥35m	1
成品储罐	1500L	1
RGTGH-3000 套管式杀菌锅	5t/h,95～110℃,30～60s	1
灌装机 70g、198g、450g	300 罐/min	1
封罐机	300 罐/min	1
SGT3F8 常压连续杀菌机		1
DWG-5A 大袋 FQ 无菌灌装机	5～220L	1

表 3-24　班产 2000kg 饼干的主要设备

设备名称	型号规格	规格	数量/台	备注
调粉机	WF-7		1	
饼干机	610-2	21m×0.61m	1	
远红外线烤炉			1	自行设计
冷却装置			1	自行设计
自动杯量装置			1	自行设计

表 3-25　班产 400kg 面包的主要生产设备

设备名称	型号	数量/台	备注
三辊研磨机	S 405	1	
巧克力精磨缸	BA80-44	2	
保温缸		1	
成型机		1	
振动台		1	

表 3-26　班产 3000kg 方便面的主要生产设备

设备名称	型　号	数　量	备　注
双轴和面机	150	1	此生产线生产能力为 3000kg/班，设备总长 48～55m，宽 3.5～4m，高 2m，全线装机容量 33kW（生产时平均负荷为 28kW，全线蒸汽用量 800～1000kg/h）
喂料机	1200	1	
复合压片机	215	1	
连续压片成型机	215	1	
切割分排机	BF-5	1	
自动炸面机	BF-6	1	

第五节　劳动力安排

一、劳动力安排的目的

劳动力安排、计算是食品工厂设计的一个任务，劳动力计算是工厂定员编制、生活设施（如更衣室、食堂、厕所、办公室、托儿所等）的面积计算和生活用水、用汽量等方面的计算的依据。劳动力安排、计算主要作用如下所述。

① 初步设计的生产人员定员是工厂建设及发展规模、企业管理的需要，也是向有关部门申报生产人员指标的依据。

② 作为确定生产车间面积的依据，尤其是手工操作多的工段，如原料处理、包装等，操作人员的多少在车间面积决定中是一重要因素。

③ 作为确定车间卫生、生活设施要求的依据。如车间的更衣室、盥洗室、浴室等的面积都需要根据生产人员计算，并且要根据男工、女工的比例来确定。

④ 作为确定全厂性的办公、生活福利设施面积的依据。例如办公室、食堂、浴室、厕所、幼儿园、医务室、洗衣房等面积的确定。

⑤ 作为确定与生产、生活福利有关的公用工程的依据。例如采暖、通风、空调、用汽、用水、用电、耗冷、排水等。

在食品工厂设计中，定员不宜定得过多或过少。合理的劳动力安排，必须通过严格的劳动力计算，才能充分发挥劳动力的作用，使得劳动力更有其实际价值。劳动力的计算对正常生产有直接关系。

二、影响劳动力安排的因素

1. 建厂目的与投资费用

一般来说，工厂应尽量采用机械化、自动化程度高的生产技术和设备。机械化、自动化程度越高，所需要的生产人员就相对较少。但在实际上，还应结合建厂地区的具体条件来考虑。如有些地区经济不发达，在这些地区的建厂主要目的还包括解决就业问题。在设计时就要适当地考虑机械化程度问题，以便能提供多一些的就业机会。

此外，机械化、自动化也和投资有关。机械化、自动化程度高，投资费用会很大。当建厂投资受到一定的限制时，也可选用自动化程度较低的生产设备，所需要的生产人员就会多一些。

2. 全年生产的均衡安排

在满足生产规模要求的前提下，按均衡生产的需要来确定基本工的人数。并且基本工的人数少，可以减少厂房及生活设施的面积，在某种程度上有助于节省投资、方便管理。在生产旺季可以雇用临时工和季节工。但厂房及车间、全厂性生活福利设施也应适当考虑到临时工增加的因素。可见固定职工（基本职工）与临时工的数量要以生产技术性的要求，均衡生产综合比较，做出选择。

3. 男工和女工的比例

食品工厂的工人一般女性偏多，但应考虑具有一定比例的男工。因为多数食品工厂机械化程度还不是很高，有不少工作还比较繁重。即使机械化程度较高的工序，也会有个别地方需要有男性操作（如重大机电设备的操作和检修）。

男女工的比例由工作岗位的性质决定。强度大、技术含量较高的工种可以男性为主，女性能够胜任的工种则尽量使用女工，应根据具体情况来决定。

4. 工作效率

注意通过管理培训来调动生产人员和管理人员的工作积极性以及提高他们的技术水平，从而提高生产效率。

在实践中，劳动力数量既不能单靠经验估算，也不能将各工序岗位人数简单地累加。

三、劳动力指标及人员定员的计算

1. 车间生产人员定员计算

（1）按实物劳动生产率耗工定额计算　主要是按照技术经济定额中实物劳动生产率耗工定额（每吨产品耗用的"工日"）计算，再根据每班成品的生产量就可计算出所需要的生产人员数。计算公式为：

$$每班所需工人数(人/班)=劳动生产率(人工/吨产品)\times 班产量 \tag{3-4}$$

$$车间工人总数=各班或各工段工人总数之总和 \tag{3-5}$$

$$全厂工人总数=各车间所需工人之总和 \tag{3-6}$$

通过上述计算，首先确定每个班的工人数，进一步算出车间工段工人数，根据各车间的实际工人数得出全厂工人总数，最后可计算全厂总人数。

选用定额时应注意选用平均水平的定额，因为耗工定额往往因工人操作的熟练程度和设备的机械化、自动化程度以及地区性的其他差异而有出入。所以直接按定额计算的经验数据要切合工厂生产实际，才能比较准确。这种计算方法多适用于手工操作较多的场合。

表 3-27、表 3-28 为罐头食品工厂某些生产操作以及部分产品的劳动力定额。

（2）按各设备、各工段需要的生产人员配备来计算　对于机械化程度较高的工厂、车间，可以根据每台设备需要的操作工人人数、运输及辅助工人人数来确定各工段的定员人数。总计各工段的人数，即为车间生产工人人数。各设备、各工段生产人员人数，一般是参考同类型工厂的实际人数，并结合新建厂的情况来考虑确定。一般在收集资料阶段就要注意收集和积累同类工厂生产人员配置方面的资料。

表 3-27　罐头食品厂某些生产操作的劳动力定额

生　产　工　序	单　　位	数　　量
猪肉拔毛	kg/h	265
刷脊	kg/h	213
分级	kg/h	346
去皮	kg/h	277
切肉	kg/h	284
洗空罐	罐/h	900
肉类罐头	kg/h	571
橘子去皮去络	kg/h	16
橘子去核	kg/h	12
橘子装罐	罐/h	1200
苹果去皮	kg/h	10
苹果切块	kg/h	60
苹果去核	kg/h	20
桃子去核	kg/h	30
苹果装罐	罐/h	500
鸡拔毛	kg/h	14.5
切鸡腿	kg/h	378
鸡切大块	kg/h	150
鸡切小块	kg/h	90
擦罐	kg/h	490
鸡装罐	罐/h	210
贴商标	kg/h	1200
刷箱	罐/h	60
实罐装箱	kg/h	20
捆箱	kg/h	75
钉木箱	kg/h	60

表 3-28　部分肉、禽、水产品罐头的劳动力定额参考表

产品名称	劳动率定额/人·t^{-1}	产品名称	劳动率定额/人·t^{-1}
原汁猪肉	8～12	白烧鸡	12～16
清蒸猪肉	7～10	白烧鸭	10～14
红烧猪肉	14～17	凤尾鱼	25～30
猪肉香肠	15～18	油浸青鱼	16～20
红烧牛肉	13～17		

（3）按照生产工序的自动化程度高低分别计算

① 对于自动化程度较低的生产工序，即基本以手工作业为主的工序，根据生产单位重量品种所需劳动工日来计算，若用 P_1 表示每班所需人数，则：

$$P_1(\text{人/班}) = \text{劳动生产率}(\text{人/产品}) \times \text{班产量}(\text{产品/班}) \tag{3-7}$$

大多数食品厂同类生产工序手工作业劳动生产率是相近的。若采用人工作业生产成本低，也经常选用该种生产方式。

② 对于自动化程度较高的工序，即以机器生产为主的工序，根据每台设备所需的劳动工日来计算，若用 P_2 表示每班所需人数，则：

$$P_2 = \sum K_i M_i (\text{人/班}) \tag{3-8}$$

式中，M_i 为 i 种设备每班所需人数；K_i 为相关系数，其值 $\leqslant 1$。影响相关系数大小的因素主要有同类设备数量、相邻设备距离远近及设备操作难度、强度及环境等。

③ 生产车间的劳动力计算。由上述式（3-7）与式（3-8）所计算的生产人员定员实际是直接生产人员人数。此外要加上车间的行政管理人员，包括车间正（副）主任、党支部书记、工会工作人员、财会、质检、供销等人员。食品工厂的主要生产车间，一般都直接设有车间机电维修小组，其成员应计算在车间定员之内。

在工厂实际生产中，常常是以上两种工序并存。若用 P 表示车间的总劳动力数量，则：

$$P = 3S(P_1 + P_2 + P_3) \quad (人) \tag{3-9}$$

式中，3 表示在旺季时实行 3 班制生产；S 为修正系数，其值 $\leqslant 1$；P_3 为辅助生产人员总数，如生产管理人员、材料采购及保管人员、运输人员、检验人员等，具体计算方法可参考设计资料来确定。

男女比例由工作岗位的性质决定。此外，能够采用临时工的岗位，应以临时工为主，以便加大淡季、旺季劳动力的调节空间。

2. 全厂职工定员数的计算

各车间的定员人数，加上各辅助车间、辅助部门、党政团干部、技术财会管理人员、各生活福利部门以及其他设施和部门的定员总和，即为全厂职工定员人数。

四、劳动力安排计算举例

以利乐 TBA/8 生产车间的劳动力计算为例。

1. 确定工艺流程

由食品工厂的工艺设计可知其工艺流程如下：

调配 → 无菌包装 → 贴管 → 装箱 → 缩膜 → 入栈 → 检验 → 入库

2. 确定设备的生产能力及操作要求

由设备选型资料可知，设备的生产能力及操作要求见表 3-29。

表 3-29　利乐 TBA/8 生产车间设备清单

设 备 名 称	生产能力（台）	设备台数	人员要求	操作人员数（台）
无菌包装机	6000 包/h	4	大学以上学历	1
贴管机	7500 包/h	4	技术工人	1
缩膜机	1100 箱/h	1	技术工人	1

3. 确定工序生产方式

由相关设计资料可知，利乐 TBA/8 车间生产工序具体见表 3-30。

4. 班产量计算

根据产品方案可知班产量，但这是一平均值，而劳动力的需求应按最大班产量来计算，这样才能使生产需求和人员供应达到动态平衡。利乐 TBA/8 车间的班产量主要是由无菌包装机所决定的。若每班工作 8h，则：班产量 = 4（台）× 6000 [包/(h·台)] × 8（h/班）= 192000（包/班）= 8000（箱/班）（注：1 箱 = 24 包）。

表 3-30　利乐 TBA/8 车间生产工序工作内容表

工序名称	生产方式及工作内容
调配	由调配车间调制好调配液,经管道自动送入无菌包装机
包装	采用利乐无菌包装机生产,然后由传送带自动送入贴管机
贴管	由贴管机自动贴管后经传送带自动送到装箱处
装箱	人工装箱后送入缩膜机进行缩膜
缩膜	由缩膜机自动缩膜
入栈	由人工将缩好膜的每箱饮料在栈板上分层摆放
检验	由检验员对已摆好的每个栈板上的饮料进行检验
入库	由运输设备搬运入库

5. 各生产工序的劳动力计算

利乐 TBA/8 车间生产工序劳动力计算情况见表 3-31。

表 3-31　利乐 TBA/8 车间生产工序劳动力计算表

工序名称	计算依据	人数	性别	文化程度	主 要 职 责
包装	$P_2 = \sum K_i M_i$(人/班),相关系数 $K_{包装} = 1$	4	男	大学以上	无菌包装机的操作保养及车间设备的维修
贴管	$P_2 = \sum K_i M_i$(人/班),取相关系数 $K_{贴管} = 0.5$	4	女	中专以上	贴管机的操作保养
装箱	$P_1 =$劳动生产率×班产量(人/班),劳动生产率为 0.001 人/箱	8	女	普通工人	手工装箱
缩膜	$P_2 = \sum K_i M_i$(人/班),相关系数 $K_{缩膜} = 1$	1	女	中专以上	缩膜机的操作保养
入栈	$P_1 =$劳动生产率×班产量(人/班),劳动生产率为 0.0003 人/箱	3	男	普通工人	手工搬运产品至栈板并摆放好
检验	$P_1 =$劳动生产率×班产量(人/班),劳动生产率为 0.0002 人/箱	2	女	大学以上	检验产品是否合格
入库	$P_2 = \sum K_i M_i$(人/班),每台叉车需 1 人	1	女	中专以上	运输产品入库

由表 3-31 可知, $P_1 = P_{装箱} + P_{入栈} = 8 + 3 = 11$(人/班)。

$P_2 = K_{包装} M_{包装} + K_{贴管} M_{贴管} + K_{缩膜} M_{缩膜} = 4×1 + 4×0.5 + 1×1 = 7$(人/班)。

另外,因车间管理和随时调配的需要,需增加 3 名机动人员,均为男性,大学以上学历,能够参与车间管理和填补每种岗位的空缺。故 $P_3 = P_{检验} + P_{入库} + P_{机动} = 2 + 1 + 3 = 6$(人/班)。

考虑到车间生产在员工上厕所及吃饭时不停机,修正系数 S 取 1。在生产旺季时每天实行 3 班生产,因此车间的劳动力总数 $P = 3S(P_1 + P_2 + P_3) = 3×1×(11 + 7 + 6) = 72$(人/天)。其中男员工 30 人,女员工为 42 人,临时工 33 人,正式工 39 人,大学以上学历的员工为 27 人。

第六节　水、电、汽用量计算及供应安排

一、用水量计算

1. 用水量计算的意义

食品生产离不开水，水是食品生产中不可缺少的物料。因为食品生产过程涉及的物理方法和生化反应都必须有水的存在，不管是原料的预处理、加热、杀菌、冷却、培养基的制备、设备和食品生产车间的清洗等都需要大量的水。可以说，没有水就没有食品，食品就无法进行生产。例如，每生产 1t 肉类罐头，用水量在 35t 以上；每生产 1t 啤酒，用水量在 10t 以上（不包括麦芽生产）；每生产 1t 软饮料，用水量在 7t 以上；每生产 1t 全脂奶粉，用水量在 130t 以上。

食品生产车间用水量的多少随产品种类而异。如乳品厂的主要用水部分有原料乳的冷却用水、加工工艺用水、管道设备清洗用水、车间清洁卫生用水等。还有如烘焙食品厂用水：配料用水、设备清洗用水、车间的清洁卫生用水等。

在食品加工中，无论是原料的预处理、蒸煮、糖化等过程，都有原料的最佳配比、物料浓度范围，故加水量必须严格控制。例如，酒精生产、麦芽或大米等糊化和糖化的料水比有较严格的定量关系。所以，对于食品生产来说，水的计算是十分重要的，并且与物料衡算、热量衡算等工艺计算以及设备的计算和选型、产品成本、技术经济等均有密切关系。

2. 用水量计算的方法和步骤

根据食品生产工艺、设备或规模不同，生产过程的用水量也随之改变，有时差异很大。即便是同一规模且工艺也相同的食品工厂，单位成品耗水量往往也大不相同。所以在工艺流程设计时，必须妥善安排，合理用水，尽量做到一水多用。用水量计算的方法有两种，即按"单位产品耗水量定额"估算和计算的方法。

对于规模小的食品工厂，在进行用水量计算时可采用"单位产品耗水量定额"估算法。可分为三个步骤，即按单位吨产品耗水量来估算、按主要设备的用水量来估算以及按食品工厂生产规模来拟定给水能力。

对于规模较大的食品工厂，在进行用水量计算时必须采用计算的方法，以保证用水量的准确性，具体方法和步骤如下所述。

① 弄清计算的目的及要求。要充分了解用水量计算的目的要求，从而决定采用何种计算方法，例如，要做一个生产过程设计，就要对整个过程和其中的每一个设备做详细的用水量计算，计算项目要全面、细致，以便为后一步设备计算提供可靠依据。

② 绘出用水量计算流程示意图。为了使研究的问题形象化和具体化，使计算的目的正确、明了，通常使用框图显示所研究的系统。图形表中的内容应准确、详细。

③ 收集设计基础数据。需收集的数据资料一般应包括：生产规模，年生产天数，原料、辅料和产品的规格、组成及质量等。

④ 确定工艺指标及消耗定额等。设计所需的工艺指标、原材料消耗定额及其他经验数据，根据所用的生产方法、工艺流程和设备，对照同类生产工厂的实际水平来确定。这必须是先进而又可行的。

⑤ 选定计算基准。计算基准是工艺计算的出发点。选得正确，能使计算结果正确，而且可使计算结果大为简化。因此，应该根据生产过程特点，选定统一的基准。在工业上，常用的基准为：a. 以单位时间产品或单位时间原料作为计算基准；b. 以单位重量、单位体积或单位摩尔的产品或原料为计算基准，如肉制品生产用水量计算可以以 100kg 原料来计算；c. 以加入设备的一批物料量为计算基准，如啤酒生产可以投入糖化锅、发酵罐的每批次用水量为计算基准。

⑥ 由已知数据，根据质量守恒定律进行用水量计算。此计算既适用于整个生产过程，也适用于某一个工序和设备，根据质量守恒定律列出相关数学关联式，并求解。

⑦ 校核与整理计算结果，列出用水量计算表。

在整个用水量计算过程中，对主要计算结果都必须认真校核，以保证计算结果准确无误。一旦发现差错，必须及时重算更正，否则将耽误设计进度。最后，把整理好的计算结果列成用水量计算表。

3. 用水量计算实例

（1）"单位产品耗水量定额"估算实例 "单位产品耗水量定额"估算实例见表 3-32～表 3-34。

表 3-32 部分乳制品平均吨成品耗水量

产 品 名 称	参考耗水量/t・t⁻¹	产 品 名 称	参考耗水量/t・t⁻¹
清毒奶	8～10	甜炼乳	45～60
全脂奶粉	130～150	奶油	23～40

注：以上指生产用水，不包括生活用水；南方地区气温高，冷却水用量大，应取较大值。

表 3-33 部分设备的用水量

设 备 名 称	设 备 能 力	用 水 目 的	参考用水量/t・h⁻¹
连续预煮机	3～4t/h	预煮后冷却	15～20
真空浓缩锅	300kg/h	二次真空冷凝	11.6
双效浓缩锅	1000kg/h	二次蒸汽冷凝	35～40
卧式杀菌锅	2000 罐/h	杀菌后冷却	15～20
消毒奶洗瓶机	20000 罐/h	洗净容器	12～15

注：以上均指设备本身用水，不包括其他生产用水和生活用水。

表 3-34 部分食品的给水能力表

成 品 类 型	班产量/t・班⁻¹	建议给水能力/t・h⁻¹	备注
肉类罐头	4～6	40～50	不包括冻藏
	8～10	70～90	
	15～20	120～150	
奶粉、奶油、甜炼乳	5	15～20	
	10	28～30	
	15	55～60	

注：以上均指生产用水，不包括生活用水；南方地区气温高，冷却水用量较大，应取最大值。

（2）食品生产工艺用水量计算实例　以5000t/年啤酒为计算基准，每批混合原料质量为1421kg。

① 糖化耗水量计算。100kg混合原料大约需用水量400kg。

每批糖化用水量=1421×400/100=5684（kg）。

每批糖化用水时间设为0.5h，故：每小时最大用水量=5684/0.5=11368（kg/h）=11.368（t/h）。

② 洗槽用水。100kg原料约用水450kg。则需用水量：1421×450/100=6394.5（kg）；

100kg原料约用水时间为1.5h，则每小时洗槽最大用水量=6394.5/1.5=4263（kg/h）=4.263（t/h）。

③ 糖化锅洗刷用水。有效体积为20m³的糖化锅及其设备洗刷用水每糖化一次用水约6t，用水时间为2h，故：洗刷最大用水量=6/2=3（t/h）。

④ 沉淀槽冷却用水。热麦汁体积流量为8.525m³/h，热麦汁密度$c_{麦汁}$=1043kg/m³，则沉淀槽冷却用水

$$G=\frac{Q}{c(t_2-t_1)} \tag{3-10}$$

式中，热麦汁放出热量$Q=G_p c_P(t'_1-t'_2)$；热麦汁流量G_p=8.525×1043=8892kg/h；热麦汁比热容c_P=4.1kJ/(kg·K)；热麦汁温度t'_1=100℃，t'_2=55℃；冷却水温度t_1=18℃，t_2=45℃；冷却水比热容c=4.18kJ/(kg·K)。所以，

$$Q=G_p c_P(t'_1-t'_2)=8892×4.1×(100-55)=1640574（kJ/h）$$

$$G=\frac{Q}{c(t_2-t_1)}=\frac{1640574}{4.18×(45-18)}=14536（kg/h）=14.536（t/h）$$

⑤ 沉淀槽洗刷用水。每次洗刷用水3.5t，冲洗时间设为0.5h，每小时最大用水量=3.5/0.5=7（t/h）。

⑥ 麦汁冷却器冷却用水。麦汁冷却时间设为1h，麦汁冷却温度为55℃→25℃。冷却水温度18~30℃。

冷却水用量：
$$G=\frac{Q}{c(t_2-t_1)}$$

麦汁放出热量：
$$Q=\tau\frac{G_p c_P(t'_1-t'_2)}{\tau} \tag{3-11}$$

式中，麦汁流量G_p=8892kg/h；麦汁比热容c_P=4.1kJ/(kg·K)；麦汁温度t'_1=55℃，t'_2=25℃；水的比热容c=4.18kJ/(kg·K)；冷却水的温度t_1=18℃，t_2=30℃；麦汁冷却时间τ=1h。

$$Q=\frac{8892×4.1×(55-25)}{1}=1093716（kJ/h）$$

$$G=\frac{1093716}{4.18×(30-18)}=21805（kg/h）=21.805（t/h）$$

⑦ 麦汁冷却器冲刷用水。设冲刷一次，用水1t，冲刷4次用水时间为0.5h，则：

最大用水量为：4/0.5=8（t/h）。

⑧ 酵母洗涤用水（无菌水）。每天酵母泥最大产量约 300L，酵母贮存期每天换水一次，新酵母洗涤 4 次，每次用水量为酵母的 2 倍，则连续生产每天用水量：$(4+1)\times300\times2=3000$（L）。

设用水时间为 1h，故最大用水量为 3t/h。

⑨ 发酵罐洗刷用水。每天冲刷体积为 $10m^3$ 的发酵罐 2 个，每个用水 2t，冲刷地面共用水 2t，每天用水量：$2\times2+2=6$（t）。

用水时间设为 1.5h，最大用水量为 $6/1.5=4$（t/h）。

⑩ 贮酒罐冲刷用水。每天冲刷体积为 $10m^3$ 的贮酒罐一个，用水为 2t，管路及地面冲刷用水 1t，冲刷时间为 1h，最大用水量为：$2+1=3$（t/h）。

⑪ 清酒罐冲刷。每天使用体积为 $2.5m^3$ 的清酒罐 4 个，冲洗一次，共用水 4t，冲刷时间为 40min，则最大用水量：$4\times60/40=6$（t/h）。

⑫ 过滤机用水。过滤机 2 台，每台冲刷一次，用水 3t（包括顶酒用水），使用时间为 1.5h，则最大用水量：$2\times3/1.5=4$（t/h）。

⑬ 洗棉机用水。洗棉机体积为 $5.3m^3$，滤饼直径为 525mm，滤饼厚度为 50mm，滤饼为 40 片。

a. 洗棉机放水量 m_1。

$$m_1=洗棉机体积-滤饼体积$$
$$=5.3-[\pi/4\times(0.525)^2\times0.05\times40]$$
$$=5.3-0.433$$
$$=4.867（m^3）\approx4.867（t）$$

b. 洗棉过程中换水量 m_2。取换水量为放水量的 3 倍，则 $m_2=3\times m_1=3\times4.867=14.6$（t）。

c. 洗棉机洗刷用水 m_3。每次洗刷用水 $m_3=1.5$（t）。

d. 洗棉机每日用水量 m。淡季洗棉机开一班，旺季开两班，则每日最大用水量：

$$m=2(m_1+m_2+m_3)$$
$$=2\times(4.867+14.6+1.5)$$
$$=41.93（t）。$$

在洗棉过程中，以换水洗涤时的耗水量最大，设换水时间为 2h，则每小时最大用水量为：$14.6/2=7.3$（t/h）。

⑭ 鲜啤酒桶洗刷用水。旺季每天最大产啤酒量 22.5t（三锅量），其中鲜啤酒占 50%（设桶装占 70%），则每日桶装啤酒为：$22.5\times50\%\times70\%=7.875$（t）$=7875$（L）。

鲜啤酒桶体积为 20L/桶：每日所需桶数 $=7875/20=393.8$（桶/d）。

冲桶水量为桶体积 1.5 倍：每日用水量 $=393.8\times0.02\times1.5=11.81$（t）。

冲桶器每次同时冲洗 2 桶，冲洗时间为 1.5min，故：每小时用水量 $=2\times0.02\times1.5\times60/1.5=2.4$（t/h）。

⑮ 洗瓶机用水。按设备规范表，洗瓶机最大生产能力为 3000 瓶/h（最高线速），冲洗每个瓶约需水 1.5L，则：用水量 $=3000\times1.5=4500$（L/h）$=4.5$（t/h）。

以每班生产 7h 计，每日一班，每日总耗水量＝4500×7＝31500（L）＝31.5（t）。

⑯ 装酒机用水。每冲洗一次，用水 2.5t，每班冲洗一次，每次 0.5h，最大用水量＝2.5/0.5＝5（t/h），每日一班，每日总耗水量＝2.5（t）。

⑰ 杀菌机用水。杀菌机每个瓶耗水量以 1L 计，生产能力为 3000 瓶/h，则：用水量＝3000×1＝3000（L/h）＝3（t/h）。

以每班生产 7h 计，每日一班，每日总耗水量＝3000×7＝21000（L）＝21（t）。

⑱ 其他用水。包括冲洗地面、管道冲刷、洗滤布，每班需用水 10t，每日一班，设用水时间为 2h，则每小时用水量＝10/2＝5（t/h）。

把上述计算结果整理成用水量计算表，如表 3-35 所示。

表 3-35　5000t/年啤酒厂啤酒车间用水计算表

名称	序号	用 水 项 目	每小时用水量 /t·h⁻¹	吨产品消耗额 /t·h⁻¹	年耗量 /t·年⁻¹
冷水（自来水）	1	糖化耗水	11.368	117	585000
	2	洗槽用水	4.263		
	3	糖化锅洗刷用水	3		
	4	沉淀槽冷却用水	14.536		
	5	沉淀槽洗刷用水	7		
	6	麦汁冷却器冷却用水	21.805		
	7	麦汁冷却器冲刷用水	8		
	8	发酵罐洗刷用水	4		
	9	贮酒罐冲刷用水	3		
	10	清酒罐冲刷用水	6		
	11	过滤机用水	4		
	12	洗棉机用水	7.3		
	13	鲜啤酒桶洗刷用水	2.4		
	14	洗瓶机用水	4.5		
	15	装酒机用水	5		
	16	杀菌机用水	3		
	17	其他用水	5		
		合　　计	114.172		
无菌水	18	酵母洗涤用水（无菌水）	3	0.15	750

二、用汽量计算

1. 用汽量计算的意义

用汽量计算的目的在于定量研究生产过程，为过程设计和操作提供最佳化依据。通过用汽量计算，了解生产过程能耗定额指标。应用蒸汽等热量消耗指标，可对工艺设计的多种方案进行比较，以选定先进的生产工艺；或对已投产的生产系统提出改造或革新，分析生产过程的经济合理性、先进性，并找出生产上存在的问题。用汽量计算的数据是设备类型选择及确定其尺寸、台数的依据。用汽量计算也是组织和管理、生产、经济核算和最优化的基础。用汽量计算的结果有助于工艺流程和设备的改进，以达到节约能源、降低生产成本的目的。

2. 用汽量计算的方法和步骤

根据食品生产工艺、设备或规模不同，生产过程用汽量也随之改变，有时差异很大。即便是同一规模且工艺也相同的食品厂，单位成品耗汽量往往也大不相同。所以在工艺流程设计时，必须妥善安排，合理用汽。用汽量计算的方法有两种，即按"单位产品耗汽量定额"来估算和计算的方法。

对于规模小的食品工厂，在进行用汽量计算时可采用"单位产品耗汽量定额"估算法，可分为三个步骤，即按单位吨产品耗汽量来估算、按主要设备的用汽量来估算以及按食品工厂生产规模来拟定给汽能力。

对于规模较大的食品工厂设计时，在进行用汽量计算时必须采用计算的方法，以保证用汽量的准确性。

和用水量计算一样，用汽量计算也可以做全过程的或单元设备的用汽量计算。现以单元设备的用汽量计算为例加以说明。具体的方法和步骤如下。

（1）画出单元设备的物料流向及变化的示意图

（2）分析物料流向及变化，写出热量计算式

$$\sum Q_入 = \sum Q_出 + \sum Q_损 \tag{3-12}$$

式中 $\sum Q_入$——输入的热量总和，kJ；

$\sum Q_出$——输出的热量总和，kJ；

$\sum Q_损$——损失的热量总和，kJ。

通常， $$\sum Q_入 = Q_1 + Q_2 + Q_3 \tag{3-13}$$

$$\sum Q_出 = Q_4 + Q_5 + Q_6 + Q_7 \tag{3-14}$$

$$\sum Q_损 = Q_8 \tag{3-15}$$

式中 Q_1——物料带入的热量，kJ；

Q_2——由加热剂（或冷却剂）传给设备和所处理的物料的热量，kJ；

Q_3——过程的热效应，包括生物反应热、搅拌热等，kJ；

Q_4——物料带出的热量，kJ；

Q_5——加热设备需要的热量，kJ；

Q_6——加热物料需要的热量，kJ；

Q_7——气体或蒸汽带出的热量，kJ。

值得注意的是，对具体的单元设备，上述的 $Q_1 \sim Q_8$ 各项热量不一定都存在，故进行热量计算时，必须根据具体情况进行具体分析。

汽量的估算要按主要设备的用汽量来估算以及按食品工厂生产规模来拟定给汽能力。

（3）收集数据 为了使热量计算顺利进行，计算结果无误和节约时间，首先要收集数据，如物料量、工艺条件以及必需的物性数据等。这些有用的数据可以从专门手册中查阅，或取自工厂实际生产数据，或根据试验研究结果选定。

（4）确定合适的计算基准 在热量计算中，取不同的基准温度，按照热量计算式所得的结果就不同。所以必须选准一个设计温度，且每一物料的进出口基准温度必须一致。通常取 0℃ 为基准温度可简化计算。此外，为使计算方便、准确，可灵活选取适当的基准，如按 100kg 原料或成品、每小时或每批次处理量等作基准进行计算。

（5）进行具体的热量计算

① 物料带入的热量 Q_1 和带出热量 Q_4 可按下式计算，即：

$$Q = \sum m_1 ct \tag{3-16}$$

式中　m_1——物料质量，kg；

　　　c——物料比热容，kJ/(kg·K)；

　　　t——物料进入或离开设备的温度，℃。

② 过程热效应 Q_3。过程的热效应主要有合成热 Q_B、搅拌热 Q_S 和状态热（例如汽化热、溶解热、结晶热等，常根据具体情况具体选择考虑），即

$$Q_3 = Q_B + Q_S \tag{3-17}$$

式中　Q_B——发酵热（呼吸热），kJ，视不同条件、环境进行计算；

　　　Q_S——搅拌热，$Q_S = 3600P\eta$，kJ，其中 P 为搅拌功率，kW，η 为搅拌过程功热转化率，通常 $\eta = 92\%$。

③ 加热设备耗热量 Q_5。为了简化计算，忽略设备不同部分的温度差异，则：

$$Q_5 = m_2 c_2 (t_2 - t_1) \tag{3-18}$$

式中　m_2——设备总质量，kg；

　　　c_2——设备材料比热容，kJ/(kg·K)；

　t_1，t_2——设备加热前后的平均温度，℃。

④ 气体或蒸汽带出的热量 Q_7：

$$Q_7 = \sum m_3 (c_3 t + r) \tag{3-19}$$

式中　m_3——离开设备的气体物料（如空气、CO_2 等）量，kg；

　　　c_3——液态物料由0℃升温至蒸发温度的平均比热容，kJ/(kg·K)；

　　　t——气态物料温度，℃；

　　　r——蒸发潜热，kJ/kg。

⑤ 设备向环境散热 Q_8。为了简化计算，假定设备壁面的温度是相同的，则：

$$Q_8 = A\lambda_T (t_w - t_a)\tau \tag{3-20}$$

式中　A——设备总表面积，m²；

　　　λ_T——壁面对空气的联合热导率，W/(m·℃)，λ_T 的计算：a. 空气自然对流时，$\lambda_T = 8 + 0.05t_w$，b. 强制对流时，$\lambda_T = 5.3 + 3.6v$（空气流速，$v = 5\text{m/s}$），或 $Q_8 = 6.7\lambda_T^{0.78}$（$v > 5\text{m/s}$）；

　　　t_w——壁面温度，℃；

　　　t_a——环境窑气温度，℃；

　　　τ——操作过程时间，s。

⑥ 加热物料需要的热量 Q_6：

$$Q_6 = m_1 c (t_2 - t_1) \tag{3-21}$$

式中　m_1——物料质量，kg；

　　　c——物料比热容，kJ/(kg·K)；

t_1，t_2——物料加热前后的温度，℃。

⑦ 加热（或冷却）介质传入（或带出）的热量 Q_2。对于热量计算的设计任务，Q_2 是待求量，也称为有效热负荷。如果计算出的 Q_2 为正值，则过程需加热；若 Q_2 为负值，则过程需从操作系统移出热量，即需冷却。

最后，根据 Q_2 来确定加热（或冷却）介质及其用量。

在进行用汽量计算时值得注意的几个问题：

① 确定热量计算系统所涉及的所有热量或可能转化成热量的其他能量不要遗漏。但对计算影响很小的项目可以忽略不计，以简化计算。

② 确定物料计算的基准、热量计算的基准温度和其他能量基准。有相变时，必须确定相变基准，不要忽略相变热。

③ 正确选择与计算热力学数据。

④ 在有相关条件约束，物料量和能量参数（如温度）有直接影响时，宜将物料计算和热量计算联合进行，才能获得准确结果。

3. 用汽量计算实例

（1）"单位产品耗汽量定额"估算实例 "单位产品耗汽量"估算实例见表 3-36～表 3-38。

表 3-36 部分奶制品平均每吨成品耗汽量表

产 品 名 称	耗汽量 /t·t⁻¹	产 品 名 称	耗汽量 /t·t⁻¹
消毒奶	0.28～0.4	奶油	1.0～2.0
全脂奶粉	10～15	甜炼乳	3.5～4.6

注：以上指生产用汽，不包括生活用汽；北方气候寒冷，应取最大值。

表 3-37 部分罐头和乳品用汽设备的用汽量表

设 备 名 称	设 备 能 力	用汽量 /kg·h⁻¹	进汽管径 (D_g)/mm	用汽性质
可倾式夹层锅	300L	120～150	25	间歇
五链排水箱	10212 号 235 罐	150～200	32	连续
立式杀菌锅	8113 号 552 罐	200～250	32	间歇
卧式杀菌锅	8113 号 2300 罐	450～500	40	间歇
常压连续杀菌机	8113 号 608 罐	250～300	32	连续
番茄酱预热器	5t/h	300～350	32	连续
双效浓缩锅	蒸发量 1000kg/h	400～500	50	连续
蘑菇预煮机	蒸发量 400kg/h	2000～2500	100	连续
青刀豆预煮机	3～4t/h	300～400	50	连续
擦罐机	6000 罐/h	60～80	25	连续
KDK 保温缸	100L	340	50	间歇
片式热盘换器	3t/h	130	25	连续
洗瓶机	20000 瓶/h	600	50	连续
洗桶机	180 个/h	200	32	连续
真空浓缩锅	300L/h	350	50	间歇或连续
真空浓缩锅	1000L/h	1130	80	间歇或连续
喷雾干燥塔	250kg/h	875	70	连续
喷雾干燥塔	700kg/h	1960	100	连续

表 3-38　部分乳制品按生产规模计的用汽量

成品类型	班产量/t·班$^{-1}$	建议供汽量/t·h^{-1}
乳粉、甜炼乳、奶油	5	1.5～2.0
	10	2.8～3.5
	20	5～6
消毒奶、酸奶、冰激凌	20	1.2～1.5
	40	2.2～3.0
	50	3.5～4.0
奶油、干酪素、乳糖	5	0.8～1.5
	10	1.5～1.8
	50	7.5～8.0

注：以上指生产用汽，不包括生活用汽；北方气候寒冷，应取最大值。

（2）食品生产工艺用汽量计算实例　以 5000t/年啤酒厂糖化车间热量计算为例：二次煮出糖化法是啤酒生产常用的糖化工艺，下面就以此工艺为基准进行糖化车间的热量计算。工艺流程示意图如图 3-9 所示，其中的投料量为糖化一次的用料量。

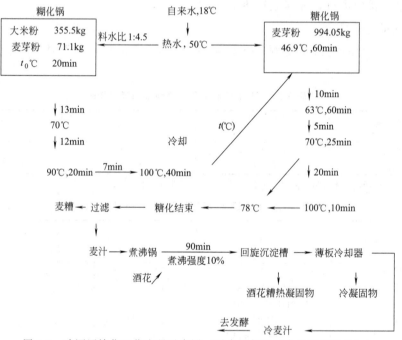

图 3-9　啤酒厂糖化工艺流程示意图（引自王如福《食品工厂设计》）

以下对糖化过程各步骤的热量分别进行计算。

糖化工段耗汽量：

生产用最大蒸汽压力　　247kPa

自来水平均温度　　18℃

糖化用水平均温度　　50℃

洗槽用水平均温度　　80℃

① 糖化用水耗热量 Q_1：

$$Q_1 = m_{总水} c_水 (t_2 - t_1) \tag{3-22}$$

式中　$m_{总水}=5685kg$；

$c_水=4.18kJ/(kg \cdot K)$；

t_1（自来水温度）$=18℃$，t_2（加热后热水的温度）$=50℃$；

$Q_1=5685×4.18×(50-18)=760425.6$（kJ）。

② 第一次蒸煮耗热量 Q_2：

$$Q_2=Q_2'+Q_2'' \tag{3-23}$$

$$Q_2'=m_{米醪}c_{米醪}(100-t_0)（t_0为米醪在糊化锅中的初温）\tag{3-24}$$

$$Q_2''=2257.2m_{水分蒸发}　（2257.2为汽化潜热）\tag{3-25}$$

大米用量为 355.5kg。糖化时为了防止大米醪结块及促进液化，在糊化时加入约占大米量 20% 的麦芽粉，则：麦芽粉用量 $=355.5×20\%=71.1$（kg），第一次蒸煮物料量 $=355.5+71.1=426.6$（kg）。

以 100kg 混合原料用水量 450kg 算：用水量即 $m_{水分}=426.6×450/100=1919.7$（kg）。

加热醪液所需热量 Q_2'：

$$Q_2'=m_{米醪}c_{米醪}(100-t_0) \tag{3-26}$$

$$m_{米醪}=m_{大米}+m_{麦芽}+m_水=355.5+71.1+1919.7=2346.3（kg）$$

$$c_{米醪}=\frac{c_{大米}×355.5+c_{麦芽}×71.1+c_水×1919.7}{355.5+71.1+1919.7}$$

式中　$c_{大米}$ 或 $c_{麦芽}=0.01×[c_0×(100-\omega)+4.18\omega]$；

c_0——谷物（绝干）的比热容，$1.55kJ/(kg \cdot K)$；

ω——含水百分率。

所以，$c_{麦芽}=0.01×[1.55×(100-6)+4.18×6]=1.71[kJ/(kg \cdot K)]$；

$c_{大米}=0.01×[1.55×(100-13)+4.18×13]=1.89[kJ/(kg \cdot K)]$；

$$c_{米醪}=\frac{1.89×355.5+1.71×71.1+4.18×1919.7}{355.5+71.1+1919.7}=3.76[kJ/(kg \cdot K)]。$$

设原料的初温为 18℃，而热水的温度为 50℃，则 t_0 为：

$$t_0=\frac{(m_{大米}c_{大米}+m_{麦芽}c_{麦芽})×18+m_水c_水×50}{m_{米醪}c_{米醪}}=47.1（℃）$$

$$Q_2'=2346.3×3.76×(100-47.1)=466688.5（kJ）$$

设煮沸时间为 40min，蒸发量为每小时 5%，则水分蒸发量：

$$m_{水分}=2346.3×5\%×40/60=78.21（kg）$$

$$Q_2''=2257.2×78.21=176535.6（kJ）$$

米醪升温和第一次煮沸过程的热损失约为前两次耗热量的 15%，$Q_2'''=15\%(Q_2'+Q_2'')$，结合以上三项计算结果得：

$$Q_2=Q_2'+Q_2''+Q_2'''=1.15×(Q_2'+Q_2'')=739707.7（kJ）$$

③ 第二次煮沸前混合醪升温至 70℃ 的耗热量 Q_3。按糖化工艺，来自糊化锅的煮沸的米醪与糖化锅中的麦醪混合后温度应为 63℃，故混合前米醪先从 100℃ 冷却到中间温度 t_0，糖化锅中麦醪的初温为 $t_{麦醪}$，已知麦芽粉初温为 18℃，用 50℃ 的热水配料，则

麦醪温度为：

$$c_{麦芽醪}=\frac{m_{麦芽}c_{麦芽}+m_{水}\ c_{水}}{m_{麦芽醪}}=\frac{994.05\times1.71+3765.3\times4.18}{(994.05+3765.3)}=3.66[\text{kJ}/(\text{kg}\cdot\text{K})]$$

$$t_{麦芽醪}=\frac{m_{麦芽}c_{麦芽}\times18+m_{水}\ c_{水}\times50}{m_{麦芽醪}c_{麦芽醪}}=\frac{994.05\times1.71\times18+3765.3\times4.18\times50}{(994.05+3765.3)\times3.66}=46.9\ (\text{℃})$$

根据热量衡算，且忽略热损失，米醪与麦醪混合前后的焓不变，则要求混合前米醪的中间温度为：

$$t_{米醪}=\frac{m_{混合}c_{混合}t_{混合}-m_{麦芽醪}c_{麦芽醪}t_{麦芽醪}}{m_{米醪}c_{米醪}}=95.8\ (\text{℃})（这里对具体计算过程忽略）$$

因此温度比煮沸温度只低约 4℃，考虑到米醪由糊化锅到糖化锅输送过程的热损失，可不必加中间冷却器（忽略具体计算过程）。

$$Q_3=m_{混合}c_{混合}(70-63)=181518.78\ (\text{kJ})$$

④ 第二次煮沸混合醪的耗热量 Q_4。由糖化工艺流程可知：

$$Q_4=Q_4'+Q_4''+Q_4''' \tag{3-27}$$

a. 混合醪升温至沸腾所耗热量 Q_4'。经第一次煮沸后米醪量为：

$$m_{米醪}'=m_{米醪}-m_{水分}=2346.3-78.21=2268.09\ (\text{kg})$$

糖化锅的麦芽醪量为：

$$m_{麦芽醪}=m_{麦芽}+m_{水} \tag{3-28}$$

式中，$m_{麦芽}=994.05$（kg）；$m_{水}=5685-1919.7=3765.3$（kg）。

所以，$m_{麦芽醪}=994.05+3765.3=4759.35$（kg）。

经第一次煮沸的米醪与糖化醪混合后混合醪量为：

$$m_{混合醪}=2268.09+4759.35=7027.44\ (\text{kg})$$

根据糖化工艺，糖化结束醪温为 78℃、抽取混合醪的温度为 70℃，则送到第二次煮沸的混合醪含量为：

$$\left[\frac{m_{混合醪}(78-70)}{100-70}\bigg/m_{混合醪}\right]\times100\%=26.7\%$$

混合醪的比热容：

$$c_{混合醪}=\frac{m_{麦芽醪}c_{麦芽醪}+m_{米醪}'c_{米醪}}{m_{混合醪}}=3.69\ [\text{kJ}/(\text{kg}\cdot\text{K})]$$

故　　　$Q_4'=26.7\%m_{混合醪}c_{混合醪}(100-70)=207709.34$（kJ）

b. 二次煮沸过程蒸汽带走的热量 Q_4''。煮沸时间为 10min，蒸发强度为 5%，则蒸发水分量为：

$$m_{水分}'=26.7\%m_{混合醪}\times5\%\times10/60=15.64\ (\text{kg})$$

故　　　$Q_4''=2257.2m_{水分}'=2257.2\times15.64=35302.6$（kJ）

c. 根据经验有：热损失 $Q_4'''=15\%(Q_4'+Q_4'')$

结合以上三项结果得：

$$Q_4=Q_4'+Q_4''+Q_4'''=1.15(Q_4'+Q_4'')=1.15\times(207709.34+35302.6)=279463.7\ (\text{kJ})$$

⑤ 洗槽水耗热量 Q_5。设洗槽水平均温度为 80℃，每 100kg 原料用水 450kg，原料

量是 1421kg，则用水量为：$m_{洗槽} = \dfrac{1421}{100} \times 450 = 6394.5$ （kg），故 $Q_5 = m_{洗槽} c_{水}$ $(80-18) = 1657198.6$ （kJ）。

⑥ 麦汁煮沸过程耗热量 Q_6。

$$Q_6 = Q_6' + Q_6'' + Q_6''' \tag{3-29}$$

a. 麦汁升温至沸点耗热量 Q_6'。由啤酒糖化物料衡算表可知，100kg 混合原料可得到 598.3kg 的热麦汁，并经过滤完毕麦汁温度为 70℃。则进入煮沸锅的麦汁量为：

$$m_{麦汁} = 1421 \times 598.3/100 = 8501.8 \text{ （kg）}$$
$$c_{麦汁} = 3.84 \text{ [kJ/(kg·K)]}$$
$$Q_6' = m_{麦汁} c_{麦汁}(100-70) = 979407.36 \text{ （kJ）}$$

b. 煮沸过程蒸发耗热量 Q_6''。强度为 10%，时间为 1.5h，则蒸发水分为：$m_{水分}'' = 8501.8 \times 10\% \times 1.5 = 1275.27$ （kg），

故 $Q_6'' = 2257.2 \times 1275.27 = 2878539.44$ （kJ）。

c. 热损失 $Q_6''' = 15\%(Q_6' + Q_6'')$

结合以上三项结果得：

$$Q_6 = Q_6' + Q_6'' + Q_6''' = 1.15(Q_6' + Q_6'') = 4436638.82 \text{ （kJ）}$$

⑦ 糖化一次总耗热量 $Q_总$：

$$Q_总 = \sum_{i=1}^{6} Q_i = 8054953.2 \text{（kJ）}$$

⑧ 糖化一次耗用蒸汽量 $m_{蒸汽}$。使用表压为 0.3MPa 的饱和蒸汽，$I = 2725.3$ kJ/kg，则：

$$m_{蒸汽} = \frac{Q_总}{(I-i)\eta}$$

式中　i——相应冷凝水的焓，561.47kJ/kg；

η——蒸汽的热效率，取 $\eta = 95\%$。

代入以上各数据，$m_{蒸汽} = 3918.47$kg。

⑨ 糖化过程中每小时最大蒸汽耗量 m_{max}。糖化过程各步骤中，麦汁煮沸耗热 Q_6 为最大，且知煮沸时间为 90min，热效率 95%，故：

$$Q_{max} = \frac{Q_6}{1.5 \times 95\%} = 3113430.75 \text{ （kJ/h）}$$

相应的最大蒸汽耗量为：

$$m_{max} = \frac{Q_{max}}{I-i} = 1438.85 \text{ （kg/h）}$$

⑩ 蒸汽单耗。根据设计，每年糖化次数为 700 次，共生产啤酒 5034t。

年耗蒸汽总量 = 3918.47 × 700 = 2742929 （kg）；

每吨啤酒成品耗蒸汽（对糖化）：2742929/5034 = 545 （kg/t 啤酒）；

每昼夜耗蒸汽量（生产旺季算，计 6 次糖化）为：3918.47 × 6 = 23510.82 （kg/d）。

至于糖化过程的冷却，如热麦汁被冷却成冷麦汁后才送发酵车间，必须尽量回收其

中的热量，这里不再介绍。

三、用电量的估算

食品工厂的总用电量是各个部门用电量的总和。生产车间的用电量占大部分，且生产车间的耗电是采用对产品定额摊派耗电的估算算法。所以，工程设计仅仅是生产车间用电总功率的估算。它是以需要用电的设备及实际工作时间算出每班各种产品的总耗电量和各种产品每小时的总耗电量，在工艺设计时尽量做到各班各产品在用电最集中时的最大耗电量基本平衡。

例如，班产 17.4t 原汁猪肉用电量估算：冻片开片机共 2 台，每台生产能力为 20t/班，需要加工的冻片为 20.88t/班，所以，每台开片机实际的加工量为 10.44t/（班·台）。因为开片机的生产能力为 20t/班，那么每台每小时的生产能力为 $\dfrac{20t}{8h}=$ 2.5t/h，就可以算出每台开片机的实际开机时间为：

$$\frac{10.44t}{2.5t/h}=4.2\ (h)$$

开片机电动机的额定功率为 0.6kW，2 台的总耗电量为 $0.6\times2\times4.2=$ 5.04kW·h，每班以 8h 计，平均每小时的总耗电量为 0.63kW·h。

将生产原汁猪肉所有电设备均按上述计算列出表格清单，将所有设备耗电量的总和被班产量除，即估算该产品的电耗定额。因为车间计算工艺耗电平衡时把其他因素排除在外估算，所以车间生产耗电在全厂耗电设计变压器时仅是一个参考性数据，也即是估算。参阅表 3-39。

表 3-39　原汁猪肉设备耗电估算表

序号	设备名称	设备数量	每台设备生产能力	每台设备实际生产能力	每台设备每班实际工作时数	电动机数量	电动机额定功率	设备总耗电量/kW·h	设备平均每小时耗电量/kW·h
1 2 3 总计	开片机	2	20t/班	10.44t/班	4.2h	2	0.6kW	5.04	0.63

计算其他食品工厂的主要用电设备耗电量、车间生产耗电量的估算也可采用上述方法估算，并按最大产品产量和耗电单耗高的产品计算，以便于核算全厂性耗电的总估算不出漏洞。

各类罐头的电消耗定额可参考表 3-40。

表 3-40　部分罐头耗电定额参考表

产　品	耗电量/kW·h^{-1}	产　品	耗电量/kW·h^{-1}
各类罐头每吨平均单耗	80~100	蘑菇罐头每吨平均单耗	55
青豆罐头每吨平均单耗	70	番茄酱罐头每吨平均单耗	250

第七节 生产车间工艺设计

生产车间工艺设计就是将生产车间的全部设备（包括工作台等）及辅助部分，按照生产需要，结合全厂实际进行布置。在一定的建筑面积内做出合理安排，实现原料、设备、动力的有机结合，人员操作的有序进行，确保生产出合格的产品。

生产车间工艺设计一般用平面布置图及说明来表达，必要时还需画出生产车间剖面图。生产车间平面布置图是假设把屋顶掀开往下看，画出设备的外形轮廓及车间土建俯视图。在图中，必须表示清楚各种设备的安装位置，工序分割，下水道、门窗、各工序及各车间生活设施的位置，进出口及防蝇、防虫设施等。生产车间剖面图（又称立剖面图）用以解决平面图中不能反映的重要设备与建筑物立面之间的关系，以及画出设备高度、门窗高度等在平面图中无法反映的尺寸。

食品工厂生产车间的工艺设计是工厂工艺设计的重要部分，不仅对建成投产后的生产实践（产品种类、产品质量、各产品产量的调节、新产品的开发、原料综合利用、市场销售、经济效益等）有很大关系，而且影响到工厂整体面貌。车间布置一经施工就不易改变，所以，在设计过程中必须全面考虑。工艺设计必须与土建、给排水、供电、供汽、通风采暖、制冷、安全卫生、原料综合利用以及环境保护等方面取得统一和协调。

生产车间的工艺布置设计与建筑设计之间关系比较密切。因此，工艺设计对建筑及结构的要求在本节介绍。

一、生产车间的组成

生产车间是食品工厂的核心部门，实现了工厂生产的进行，也就是实现了原料的处理、设备的使用、人员的操作、产品的产出，同时需要全厂交通运输、检测管理、水、电、汽、冷、暖、风等各部门的配合。

食品工厂由一个或多个相同、相近，甚至不同车间组成，生产车间由生产操作部分和辅助部分组成。生产操作部分一般由原料准备处理部分、加工处理部分、包装部分等组成，并且不同生产车间差别很大。肉品车间由原料准备解冻间、配料间、一般处理间、腌制滚揉间、热加工间、杀菌间、包装间等组成。乳品车间由原料验收间、配料间、加工处理间、杀菌间、包装间等组成。每一操作间都有相应设备及人员来完成操作。

生产辅助部分一般由门厅、男/女更衣室、厕所、洗浴间、洗手、消毒、风淋设施、办公室、休息室等组成。

二、生产车间工艺设计的原则

① 满足总体设计要求。首先满足生产要求，同时充分考虑车间在总平面中的位置，以及与其他车间或部门间的关系，以及有关发展前景等方面的要求。

② 设备布置要尽量按工艺流水线安排，但有些特殊设备可按相同类型适当集中，使生产过程中占地最少、生产周期最短、操作最方便。如果一个车间系多层建筑，要设有垂直输送装置，一般重型设备设置在底层。

③ 要充分考虑到多品种生产的可能，以便灵活调动设备；并留有适当余地，以便

于更换设备。同时还应注意设备相互间的间距及设备与建筑物间的安全维修距离，保证操作方便，维修、装卸、清洁卫生等方便。

④ 生产车间与其他车间的各工序要相互配合，以保证各物料运输通畅，避免重复往返。要尽可能利用生产车间的空间运输，合理安排生产车间各种物料进出、人员流动，人员进出要和物料进出分开。

⑤ 必须充分考虑生产卫生和劳动保护。如采取卫生消毒、防鼠防虫、车间排水、电器防潮及安全防火等措施。

⑥ 应注意车间的采光、通风、采暖、降温等设施。对散发热量、气味及有腐蚀性的介质，要单独集中安排。对空压机房、空调机房、真空泵等既要分隔，又要尽量接近使用地点，以减少输送管路及能量损失。

⑦ 可设在室外的设备尽可能设在室外。

三、生产车间工艺设计的步骤与方法

食品工厂生产车间平面设计一般有两种情况：一种是新设计的车间平面布置；另一种是对原有厂房进行平面布置设计。后一种比前一种设计更加困难，因为它有很多限制条件，但两种情况的设计方法相同。现将生产车间平面布置的设计步骤介绍如下。

① 整理好设备清单。清单中分出固定的、移动的、公共的、专用的设备以及重量等说明。其中笨重的、固定的、专用的设备应尽量安排在车间四周，轻的、可移动的、简单的设备可排在车间中央，以方便更换设备。

② 车间辅助部分的面积及要求。

③ 按照总平面图确定生产流水线方向。确定厂房建筑结构形式、朝向、跨度，绘出宽度和承重柱、墙的位置。生产车间一般布置在厂区主导风向的上风向，远离污水处理厂和垃圾堆放池。辅助车间（维修车间、洗衣房）一般围绕在生产车间的周围布置，可以和车间在一个建筑内，也可以不与车间在一个建筑内，但在总平面布置上要尽量靠近生产车间。

车间内的工艺分割（不同的生产区域）要按照工艺流程进行布置，食品车间的脏区和洁净区要分开，生加工间要和熟加工间分开。

车间内设备的布置要按照工艺流程进行，一机多用的设备布置的位置要合理，尽量减少物料的运输距离，减少物料在设备之间的交叉运输。

更衣室的布置要根据生产需要的工人数量和男女工人的比例进行，更衣室包括卫生间、一次更衣室、淋浴室、二次更衣室、洗手消毒间和风淋室，一般呈"丰"字形布置。

在车间内的适当位置要布置参观走廊。

④ 从不同重点出发，安排生产、设备、运输、人员流动及辅助部分，设计多种方案，画出草图。

⑤ 对多种方案进行分析、比较、讨论、修改，确定最佳方案。对不同方案可以从以下几个方面进行比较。

a. 车间区域分割，生产操作条件；

b. 车间运输、人员流动合理；

c. 车间卫生条件；

d. 车间多品种生产及全厂多部门配合；

e. 通风采光、管道安装及建筑造价。

⑥ 细化最佳方案，画出车间设计，写出设计说明。

四、生产车间工艺设计对建筑的要求

生产车间工艺设计与建筑设计密切相关。生产车间工艺设计过程中应对车间建筑结构、外形、长度、宽度及有关问题提出要求。

1. 建筑外形的选择

车间建筑的外形有长方形、"L"形、"T"形、"U"形等。一般为长方形，其长度取决于生产流水作业线的形式和生产规模，宽度满足生产安排需要，高度一般为 6m 或者视生产工艺要求而定。

不同性质的食品，最好不在同一车间生产，性质相同的食品在同一车间内生产时，也要根据使用性质的不同而加以分离。如车间办公室、车间化验室、生活间、工具间、空压机间、真空泵房等，均需要与生产工段加以分隔。在生产工段中原料预处理工段、热加工工段、精加工工段、油炸间、酱卤间、杀菌间、包装间等均需要相互分割。

2. 生产车间的建筑结构

建筑结构大体上可以分为砖木结构、混合结构、钢筋混凝土结构和钢结构。建筑物屋顶支撑构件采用木制屋架，建筑物的所有重量由木柱或砖墙传递到基础和地基上的结构为砖木结构，这样的墙叫承重墙。由于食品生产车间一般散发的温度和湿度较高，木材容易腐烂而影响食品卫生，所以，食品生产车间一般不采用此结构。混合结构的屋架用钢筋混凝土，由承重墙来支持，砖柱大小根据建筑物的重量和楼板的荷载来决定。混合结构一般只用作平房，跨度在 9~18m，层高可达 5~6m，柱距不超过 4m。混合结构可用于食品工厂生产车间的单层建筑。钢结构的主要构件采用钢材，由于造价高，且需经常维修，因此在温度和湿度较高的食品车间也不宜采用。

钢筋混凝土结构为食品工厂生产车间和仓库等最常用的结构，在建筑的跨度、高度上可按生产要求加以放大，而不受材料的影响。钢筋混凝土结构也叫框架结构，它的主要构件梁、柱、屋架、基础均采用钢筋混凝土，墙只作为防护设施。该结构的跨度一般可为 9~24m（9m、12m、15m、18m、24m）等，层高可达 5~10m 以上，柱距可按需要而定，一般为 6~9m。这种结构可为单层，也可以是多层，并可以将不同层高和不同跨度的建筑物组合起来。因为这种结构强度高，耐久性好，所以是食品工厂生产车间最常用的建筑结构。

3. 建筑物的统一模数制

建筑工业化要求建筑物件必须标准化、定型化、预制化。尺寸按统一标准，规定建筑物的基本尺度，即实行建筑物的统一模数制。基本尺度的单位叫模数，用 m_0 表示。我国规定为 100mm。任何建筑物的尺寸必须是基本尺寸的倍数。模数制是以基本模数（又称模数）为标准，连同一些以基本模数为整倍数的扩大模数和一些以基本模数为分倍数的分模数共同组成。模数中的扩大模数有 $3m_0$（300mm）、$6m_0$、$15m_0$、

$30m_0$、$60m_0$。

基本模数连同扩大模数的 $3m_0$、$6m_0$ 主要用于建筑构件的截面，门窗洞口、建筑构配件和建筑物的进深、开间与层高的尺寸基数。扩大模数的 $15m_0$、$30m_0$ 和 $60m_0$ 主要用于工业厂房的跨度、柱距和高度以及这些建筑的建筑构配件。在平面方向和高度方向都使用一个扩大模数，在层高方向，单层为 200mm（$2m_0$）的倍数，多层为 600mm（$6m_0$）的倍数。在平面方向的扩大模数用 300mm（$3m_0$）的倍数，在开间方面可用 3.0m、3.6m、3.9m、4.2m、6.0m。跨度小于或等于 18m 时，跨度的建筑模数是 3m，跨度大于 18m 时，跨度建筑模数是 6m。

4. 生产车间的卫生

食品工厂卫生要求高，而对生产车间的要求就更高。在食品加工过程中，有很多生产工段散发出大量的水蒸气和油蒸气，从而使车间的温湿度升高。在原料处理和设备清洗时，排出的大量废水中含有稀酸、稀碱和油脂类物质，因此，在设计中应考虑防蝇、防虫、防尘、防滑、防鼠以及防水蒸气和油气等措施。

食品工厂生产车间一般为天然采光，车间的采光系数为 $1/6 \sim 1/4$。采光系数是指采光面积和房间地坪面积的比值。采光面积不等于窗洞面积，采光面积占窗洞面积的百分比与窗的材料、形式和大小有关。采光达不到采光系数的时候，就常常采用人工采光。

5. 生产车间的门、窗

每个车间必须有两道以上的门，作为人流、货流和设备的出、入口。作为人流的出入口，其门的尺寸在正常情况下应满足生产的要求，在火灾或某种紧急情况下，亦应满足迅速疏散人员的要求，故门的尺寸要适中，不能过大，也不宜过小。作为运输工具和设备进出的门，一般要能使车间最大尺寸的设备通过，门的规格应比设备高 0.6 ~ 1.0m，比设备宽 0.2 ~ 0.5m。为满足货物或交通工具进出，门的规格应比装货物后的车辆高出 0.4m 以上，宽出 0.3m 以上，门的代号用 "M" 表示。

总之，生产车间的门应按生产工艺要求和实际情况进行设计。一般还要求设置防蝇、防虫装置，如水幕、风幕、暗道或飞虫控制器，车间的门常用的有空洞门、单扇门、双扇门、单扇推拉门或双扇推拉门、单扇双面弹簧门、双扇双面弹簧门、单扇内外开双层门、双扇内外开双层门等。我国最常用的，效果较好的是双层门。空洞门一般用于生产车间内部各工段间往来运输以及人流通过的地方。在车间内部各工段间卫生要求差距不太大，为便于各工段往来运输及流通一般均采用空洞门。单扇门和双扇门有内开和外开两种，一般设在办公或化验室等人流和物流通过不频繁的地方，如果设在过道上，则要选择外开门，以便于人员疏散。推拉门的特点是占地面积小，缺点是关闭不严密，常用于设备进出通道的大门。双面弹簧门的特点是在开启以后门在弹簧的弹力作用下能够自动关闭，所以，弹簧门常用于需要经常关闭的地方。双层门一般是指一层纱门，一层开关门。为保证有良好的防虫效果，一般用双道门，头道是塑料幕帘，二道门装有风幕（风口宽 100mm）。

窗是车间的主要透光部分，窗有侧窗和天窗两类。侧窗是指开在四周墙上的窗，食品工厂的天然采光主要靠侧窗。侧窗一般开得要高一些，光线照射的面积可以大一些。当生产车间工人坐着工作时窗台高 H 可取 0.8～0.9m；站着工作时，窗台高度取1.0～1.2m。食品工厂可用的侧窗种类很多，常用的是单层固定窗（只作采光用，不作通风）和双层内、外开窗（纱窗和普通玻璃窗），窗的代号用"C"表示。天窗就是开在屋顶的窗。一般在因房屋跨度过大或层高过低，造成侧窗采光面积减小，采光系数达不到要求的情况下使用，以增大采光面积，提高采光系数。常用的天窗形式有三角天窗、单面天窗和矩形天窗。但由于食品车间卫生要求很高，设置天窗很难达到卫生要求，所以，在侧窗采光达不到采光系数的时候，则常常采用人工采光。

应用人工采光时，一般可以用双管日光灯吸顶安装或吊装，局部操作区要求光照强的，可适当多设日光灯照明。对于特殊环境（如冷藏库、肉制品腌制间等）可安装相应的特殊灯具。灯具吊装时，灯高离地一般在 2.8m，每隔 2m 安装一组，每组灯管都要由有机玻璃灯罩罩住，以防灰尘和昆虫落下，并能够防止大量水蒸气腐蚀灯座。

6. 生产车间的地坪

食品工厂的生产车间经常受水、酸、碱、油等腐蚀性介质侵蚀及运输车轮冲击，致使地坪受到损坏。因此，在设计时一方面应为减轻地坪受损而采取适当的措施，如生产车间的地坪应有 1.5%～2.0% 的坡度，并设有明沟或地漏排水，使车间的废水和腐蚀性介质及时排除，尽量将有腐蚀性介质排出的设备集中布置，做到局部设防、缩小腐蚀范围，采用输送带和胶轮运输车，以减少对地坪的冲击等。另一方面应根据食品工厂生产车间的实际情况对土建提出相应的要求。目前，我国食品工厂生产车间采用的地坪有地面砖地面、石板地面、高标号混凝土地面、塑胶地面以及环氧树脂涂层地面等。

（1）地面砖地面 地砖地面其光亮度好，反光效果好，但因为它在有水和油污的食品车间内防滑效果差，因此，常用于食品车间内辅助设施（更衣室、车间办公室、化验室等）的地面。

（2）石板地面 如果当地出产花岗岩石板材料，则可以采用石板地坪。石板地坪使用效果好，具有能耐酸碱、耐热、防滑、不起灰等优点，但要注意勾缝材料。

（3）高标号混凝土地面 一般采用 300 号混凝土，骨料采用耐酸骨料。地坪表面需要划线条作防滑处理。提高其实密性是增强其耐腐蚀性的有效措施，因此，要采用合适的骨料级别并严格控制水灰比。

（4）塑胶地面 具有耐酸、耐碱、耐腐蚀的优点，并且符合食品卫生要求。目前，随着我国塑胶工业的迅速发展而迅速应用开来。

（5）环氧树脂涂层地面 它是在水泥地面上涂上一层环氧树脂的地面，具有耐酸、耐碱、耐腐蚀、耐磨的优点，并且符合食品卫生要求，适合食品工厂的车间使用。

在食品工厂生产车间的地坪排水中，使用地漏的为多，也有局部使用明沟加盖板的形式。明沟一定要作成圆底，以利于水的快速流动和卫生清扫工作。地漏一般直径为200mm 或300mm。

7. 生产车间内墙面

房屋内的墙面叫内墙面。食品工厂对车间内墙面要求很高，要防霉、防湿、防腐、有利于卫生。转角处理要设计为圆弧形，具体要求如下。

①墙裙。一般在内墙面的下部做 1.8～2.0m 的墙裙（护墙），可用白瓷砖或塑料面砖粘贴，墙裙的作用是在人的动作范围内可保证墙面少受污染，并易于洗净。②内墙粉刷。墙裙以上的内墙面一般用白水泥沙浆粉刷，再涂上耐化学腐蚀的浅色涂料。

8. 生产车间的楼盖

楼盖是由承重结构、铺面、天花板、填充物等组成。承重结构是负担楼面上一切重量的结构，如梁和板等；铺面是楼板层表面的面层，它可保护承重结构，并承受地面上的一切作用力；填充物起隔音、隔热作用；天花板起隔音、隔热和美观作用。顶棚必须平整，防止积尘。为防渗水，楼盖最好选用现浇整体式结构，并保持 1.5%～2.0% 的坡度，以利排水，保证楼盖不渗水、不积水。

五、生产车间工艺管道设计

管路系统在食品工厂中随处可见，很多物料、蒸汽、水及气体都要用管路来输送。管路对于食品工厂正如血管对人的生命一样重要，直接关系到生产操作能否正常进行以及厂房各车间布置的整齐美观等问题。

① 选择管道材料。根据输送介质的化学性质、温度、压力等因素，经济合理地选择管道的材料。

② 选择介质的流速。根据介质的性质、输送的状态、浊度、成分，以及与之相连接的设备、流量等，参照有关表格数据，选择合理经济的介质流速。

③ 确定管径。根据输送介质的流量和流速，通过计算、查图或查表，确定合适的管径。

④ 确定管壁厚度。根据输送介质的压力及所选择的管道材料，确定管壁厚度。实际上在给出的管道表中，可供选择的管壁厚度有限，按照工作压力所选择的管壁厚度一般都可以满足管材的强度要求。

⑤ 确定管道连接方式。管道与管道间、管道与设备间、管道与阀门间、设备与阀门间都存在着一个连接的方法问题，有等径连接，也有不等径连接。可根据管材、管径、介质的压力和性质及用途，以及设备或管道的使用检修状态，确定连接方式。

⑥ 选阀门和管件。介质在管内输送过程中，有分、合、转弯、变速等情况。为了保证工艺的要求及安全，还需要各种类型的阀门和管件。根据设备布置情况及工艺、安全的要求，选择合适的弯头、三通、异径管、法兰等管件和各种阀门。

⑦ 选择管道的热补偿器。管道在安装和使用时往往存在有温差，冬季和夏季使用往往也有很大温差。为了消除热应力，首先要计算管道的受热膨胀长度，然后考虑消除热应力的方法：当热膨胀长度较小时可通过管道的转弯、支管、固定等方式自然补偿；当热膨胀长度较大时，应从波形、方形、弧形、套筒形等各种热补偿中选择合适的热补偿形式。

⑧ 绝热形式、绝热层厚度及保温材料的选择。根据管道输送介质的特性及工艺要求，选定绝热的方式：保温、加热保护或保冷。然后根据介质温度及周围环境状况，通过计算或查表确定管壁温度，进而由计算、查表或查图确定绝热层厚度。根据管道所处

环境（振动、湿度、腐蚀性）、管道的使用寿命、取材的方便及成本等因素，选择合适的保温材料及辅助材料。

⑨ 管道布置。首先根据生产流程，介质的性质和流向，相关设备的位置、环境、操作、安装、检修等情况，确定管道的敷设方式——明装或暗装。其次在管道布置时，在垂直面的排布和水平面的排布、管间距离、管与墙的距离、管道坡度、管道穿墙、管道穿楼板、管道与设备相接等方面，要符合有关规定。

⑩ 计算管道的阻力损失。根据管道的实际长度、管道相连设备的相对标高、管壁状态、管内介质的实际流速，以及介质所流经的管件、阀门等来计算管道的阻力损失，以便校核检查选泵、选设备、选管道等前述各步骤是否正确合理。

⑪ 选择管架及固定方式。根据管道本身的强度、刚度、介质温度、工作压力、线膨胀系数、投入运行后的受力状态，以及管道的根数、车间的梁柱、墙壁、楼板等建筑结构，选择合适的管架及固定方式。

⑫ 确定管架跨度。根据管道材质、输送的介质、管道的固定情况及所配管件等因素，计算管道的垂直荷重及所受的水平推力，然后根据强度条件或刚度条件确定管架的跨度。也可通过查表来确定管架的跨度。

⑬ 选定管道固定用具。根据管架类型、管道固定方式选择管架附件，即管道固定用具。所选管架附件若是标准件，可列出图号；若是非标准件，需绘出制作图。

⑭ 绘制管道图。管道图包括平面和剖面配管图、透视图、管架图和工艺管道支吊点预埋件布置图等。

⑮ 编制管材、管件、阀门、管架及绝热材料综合汇总表。

⑯ 选择管道的防腐蚀措施。选择合适的表面处理方法和涂料及涂层顺序，编制材料及工程量表。

【思考题】

1. 说明食品工厂工艺设计的特点、内容及要求？
2. 什么是产品方案？
3. 产品方案的要求有哪些？如何制定产品方案？
4. 分别制定肉品、乳品等食品工厂的生产方案。
5. 简述几个产品的生产工艺。
6. 生产工艺的确定原则有哪些？应注意哪些问题？
7. 表达方法有哪些？如何正确表达生产工艺流程？
8. 什么是物料计算？什么是"技术经济指标"？如何进行物料计算？
9. 食品工厂设备的选择原则是什么？需要了解设备的哪些情况？如何进行设备的选用与配套？
10. 说明设备表的基本内容。
11. 如何进行劳动力计算及劳动组织？
12. 说明生产车间水、电、汽、冷用量的估算及要求。
13. 生产车间的组成有哪些？生产车间的设计要求及设计步骤是什么？
14. 说明生产车间建筑的基本情况和管道布置的基本内容。

第四章　典型食品生产车间设计

学习目标与要求

　　1. 掌握电脑绘图基本知识，学会简单绘图操作。

　　2. 了解肉品工厂、乳品工厂、饮料工厂、速冻食品工厂等生产车间的基本组成、合理分割、设备布置、辅助部分安排，掌握生产车间设计方法。

　　3. 能够进行一般食品工厂生产车间设计，绘制生产车间平面布置图。

第一节　AutoCAD 绘制生产车间布置图简介

　　CAD（computer aided design）的含义是指电脑辅助设计，是电脑技术的一个重要应用领域。AutoCAD 则是美国 Autodesk 企业研发的一个交互式绘图软件，是用于二维及三维设计、绘图的系统工具，用户能够使用它来创建、浏览、管理、打印、输出、共享及准确复用富含信息的设计图像。

　　AutoCAD 是现在世界上应用最广的 CAD 软件，市场占有率位居世界第一。Auto-CAD 软件具备如下特点。

　　① 具备完善的图像绘制功能。

　　② 具有强大的图像编辑功能。

　　③ 能够采用多种方式进行二次研发或用户定制。

　　④ 能够进行多种图像格式的转换，具备较强的数据交换能力。

　　⑤ 支持多种硬件设备。

　　⑥ 支持多种操作平台。

　　⑦ 具备通用性、易用性，适用于各类用户。

　　此外，从 AutoCAD2000 开始，该系统又增添了许多强大的功能，如 AutoCAD 设计中央（ADC）、多文档设计环境（MDE）、Internet 驱动、新的对象捕获功能、增强的标注功能连同局部打开和局部加载的功能，从而使 AutoCAD 系统更加完善。

　　虽然 AutoCAD 本身的功能集已足以协助用户完成各种设计工作，但用户还能够通过 Autodesk 连同数千家软件研发商研发的五千多种应用软件把 AutoCAD 改造成为满足各专业领域的专用设计工具。这些领域包括建筑、机械、测绘、电子以及航空航天等。在食品工厂设计中常用的是天正建筑软件。

一、AutoCAD 绘图的基本设置

　　CAD 作图的基本步骤：设置图形界限→建立若干图层→设置对象样式→开始绘图。双击桌面上的 CAD 快捷方式，打开 CAD 界面。如图 4-1 所示。点任务栏上"切换工作空间"图标，勾选"AutoCAD 经典"即可切换成经典界面，如图 4-2 所示。

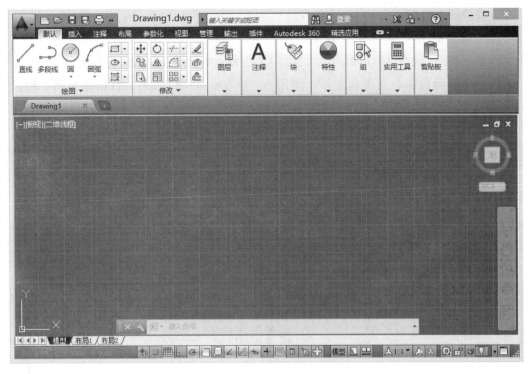

图 4-1　CAD 界面对话框

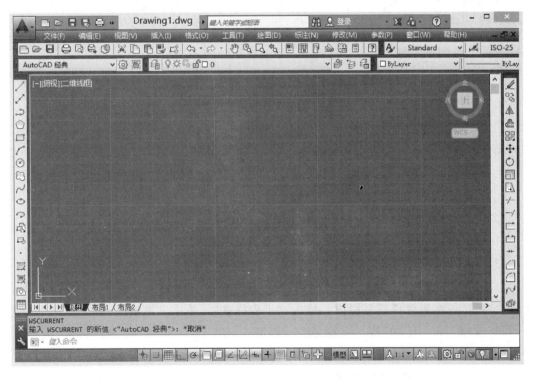

图 4-2　CAD 经典界面对话框

1. 设置图形界限

① 点击"格式",选择"图形界限";

② 在下面的"命令"对话框内会出现默认左下角点的坐标（0, 0），直接点击"回车";

③ 指定图形界限右上角点坐标,如用 A3（420mm×297mm）打印纸出图,则设置为 420000、297000,然后点击"回车";

④ 最后,点击"视图"选择"全部重生成",即完成了图形界限的设置。

2. 设置图层

① 点击图层管理器图标█,打开"图层特性管理器",如图 4-3 所示,然后,在"图层特性管理器"上选择"新建"。

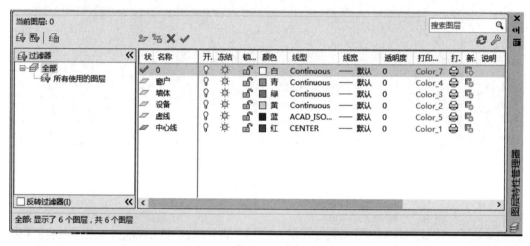

图 4-3 图层特性管理器对话框

② 每个新建图层可以设立名字,如轴线、墙体、标注、文字、门窗、虚线等;注意,"0"图层是不能更改的,只能在新建的图层上进行修改。

③ 为不同类型的图元对象设置不同的图层、颜色、线型及线宽,在作图时图元对象的颜色、线型及线宽都应由图层控制。

④ 将图元的颜色、线型及线宽设置好以后,点击"确定",即完成图层的设置。

3. 设置文字及尺寸标注样式

文字及尺寸标注的样式主要根据出图时图纸的比例设定。

（1）文字样式　文字样式一般使用 CAD 默认的设置即可。

（2）尺寸标注样式

① 点击"格式"中"标注样式",打开"标注样式管理器"对话框,如图 4-4 所示。选择"新建",在新建样式名栏内,输入"工程样式",单击"继续"。

② 设置线。尺寸线——绿色、线宽——默认、基线间距——8、超出标记——1.25。

③ 设置符号和箭头。尺寸界线——绿色、线宽——默认、超出尺寸线——1.25、起点偏移——0.625。箭头——建筑标记;箭头大小——2。圆心标记——标记,大小——2.5。

④ 设置文字。文字样式——Standard;文字颜色——随块;文字高度——3。

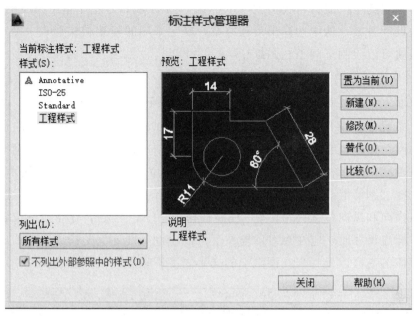

图 4-4　标注样式管理器对话框

　　⑤ 调整。调整选项——文字或箭头，取最佳效果、文字位置——尺寸线上方，加引线，标注特征比例——使用全局比例（按制图比例设置）、优化——始终在尺寸界限之间绘制尺寸线。

　　⑥ 主单位。单位格式：小数；精度：0。

　　⑦ 确定后，显示说明。

　　⑧ 然后，选中"工程样式"，点击"置为当前"，即完成了标注样式的设置。

　　在完成了绘图前的基本设置后，即可绘制图纸。要始终使用 1∶1 比例绘图，即按照物体的实际尺寸（单位：mm）绘图。图纸的比例在插入图框的时候再进行确定。

　　二、图纸的绘制

　　天正建筑软件是从 CAD 软件中细分出来的专业软件，有其自身的特点。天正建筑CAD 专门针对建筑行业图纸的尺寸标注，开发了自定义尺寸标注对象，轴号、尺寸标注、符号标注、文字等都使用对建筑绘图最方便的自定义对象进行操作，取代了传统的尺寸、文字对象。按照国家建筑制图规范的标注要求，天正建筑 CAD 软件对 AutoCAD的专业夹点提供了灵活修改手段。由于自定义尺寸标注对象专门为建筑行业设计，在使用方便的同时又简化了标注对象的结构，减少了命令的数目，更加方便绘图。

　　在专业符号的标注中，天正建筑软件按照规范中制图图例所需要的符号创建了自定义的符号对象，各自带有专业夹点，内含比例信息自动符合出图要求，需要编辑时，夹点拖动完全符合设计规范的规定。自定义符号对象的引入完善地解决了 AutoCAD 符号标注规范化、专业化的问题。下面我们就用天正建筑软件，作一幅车间工艺布置图。

　　例如，某公司需要新建一座熟肉制品加工车间，生产规模为 45t/日。其中包括日产10t 的腌腊肉制品生产线一条；日产 10t 高温火腿肠肉制品生产线一条；日产 15t 低温香肠火腿肉制品生产线一条；日产 10t 圆罐罐头（397g）肉制品生产线一条；每天一班。确定了车间的生产能力，我们就可以根据产品的加工工艺计算出车间的建筑面积，提出不同的设计方案，从中选择出最佳方案，确定采用的建筑结构形式。确定了结构的形式，我们就可以绘制车间工艺图纸。

1. 轴网及柱网的画法

双击桌面上天正建筑快捷方式 打开天正建筑软件，如图 4-5 所示。首先根据建筑的要求，布置中心线及柱网，具体为：①点击"轴网柱子"，出现专业的命令条，选择"绘制轴网"命令，绘制横向和纵向轴线，形成轴网；然后，点击"轴网标注"将轴线的序号及轴线间距标注出来。②点击"标准柱"命令，弹出如图 4-6 所示的对话框，一般材料选择"钢筋混凝土"，形状为"矩形"，柱子尺寸要由建筑专家经过计算确定，我们暂时将横向和纵向都选择为 600，柱高选择为 6000。然后，在相应的位置布置上柱子。注意，标注尺寸时，应注意对话框左下角的比例，此比例是指出图时的比例，标注的尺寸及字体的高度以及将来在图纸上的文字高度都根据此比例生成。

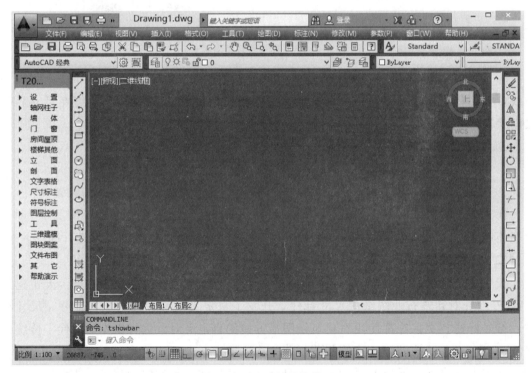

图 4-5　天正建筑软件模型

注意，若用 AutoCAD 绘图，在标注轴号时，横向通常用阿拉伯数字 1、2、3、…，纵向用英文字母 A、B、C、…或英文加阿拉伯数字表示，如 A1、B1、C1、…，但是英文字母 I、O 不能用来表示轴号。

2. 编辑图框

点击"文件布图"按钮，在下拉条中选择"插入图框"命令，弹出如图 4-7 所示的对话框，选择合适的图幅（如 A1、A2、A3 等），样式选择"标准标题栏"和"会签栏"，比例选择根据图幅选择，然后点击"确定"，插入图框。插入图框后桌面显示如图 4-8 所示。

图 4-6　标准柱对话框

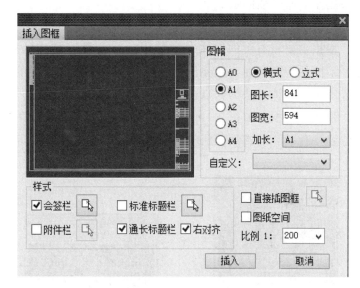

图 4-7　图框选择对话框

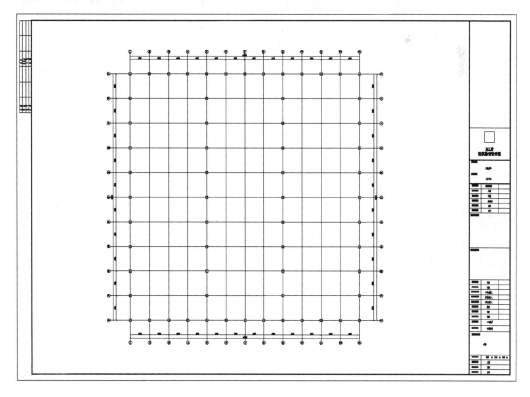

图 4-8　插入图框后桌面显示

3. 墙体的画法

轴网及柱网布置好以后，就要画墙体。具体为：点击"墙体"，出现专业的命令条，选择"绘制墙体"，弹出的对话框如图4-9所示，选择相应的参数后，根据工艺要求，绘制出墙体。在没有特殊要求的情况下，一般车间四周采用240厚的砖墙，车间内部隔断采用100厚轻质隔墙。

4. 门窗的布置

根据需要将有关的墙体安排好以后，就要在相应的位置布置上门、窗户和工艺洞孔。不同的门和窗在天正建筑的图库内都能够找到象形的图块，根据需要，插入相应的位置即可。具体方法为：点击"门窗"，出现专业的命令条，选择"插门"、"插窗"命令，弹出对话框，如图4-10和图4-11所示。设置相应的参数，即可将门窗布置在合适的位置。食品工厂常用的门有平开门、推拉门、弹簧门等。

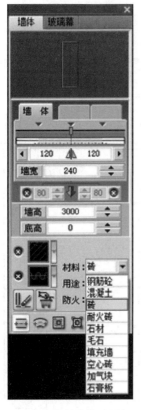

图4-9 绘制墙体对话框

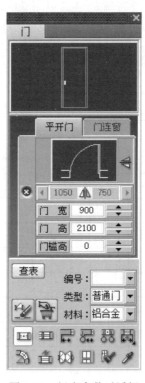

图4-10 门窗参数对话框

图4-11 窗参数对话框

不同的门和窗都可以在天正建筑图库内找到相应的图块，具体方法为，点击图标 ，弹出如图4-12所示对话框，双击"DorLib2D"会弹出显示各种门窗名称的下拉条，点击左下角的名称，就会在右边显示相应的图块图形，然后在图块图形上双击鼠标，就将所选择的门打开到如图4-10所示的位置，即可进行相应的编辑。

按照建筑采光和工艺流程的需要，将门窗布置在合适的位置，并在有特殊要求的位置做出说明，其结果如图4-13所示。

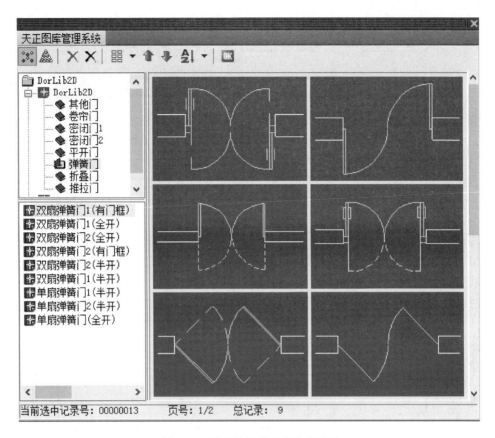

图 4-12　天正图库管理系统对话框

5. 设备的布置

建立食品工厂车间工艺平面图，设备的布置是关键部分，也是最为重要的工作。设备布置就是根据工艺需要，按照物料的流向，将加工设备布置在合适的位置，以便于生产加工，减少或避免物料的往返运输，达到工艺合理、提高劳动生产率的目标。设备的布置过程是把加工设备以俯视图的形式反映在图纸上的过程。设备的俯视图要根据有关设备厂家提供的设备样本进行绘制。如图 4-14 所示为几种常用的肉类加工设备。

在布置设备时，一般要求设备距墙要留有 60～80cm 的维修距离，设备之间要预留物料的搬运距离和人员通过的距离。

设备布置后一定要将设备的定位尺寸表示明确，以便固定设备的位置。具体方法为：点击"尺寸标注"按钮，在下拉条中选择"逐点标注"命令，将每个设备在横向和纵向分别标上距墙或轴线的距离，即完成定位尺寸的标注。

将设备布置好以后，要在图纸上建立设备一览表，将设备的编号、名称、数量、备注等内容明确地编辑在表格内，具体方法：点击"文字表格"按钮，选择"新建表格"命令，会弹出如图 4-15 所示的对话框。在对话框内输入适当的数据，点击"确定"，即可在图纸适当的位置插入设备表。然后在"文字表格"按钮下选择"表格编辑"按钮，选择"单元编辑"命令，即可以在表格内输入文字。

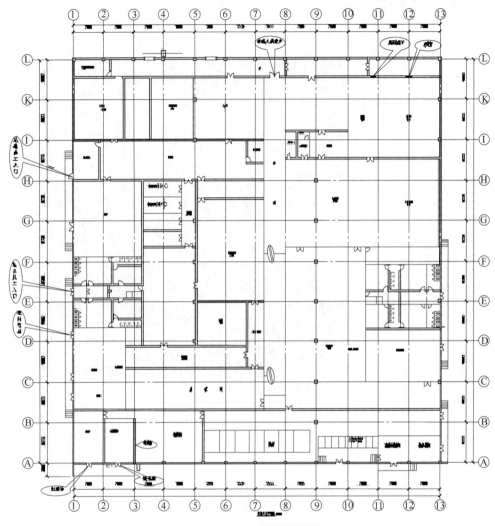

图 4-13 门窗布置结果说明图

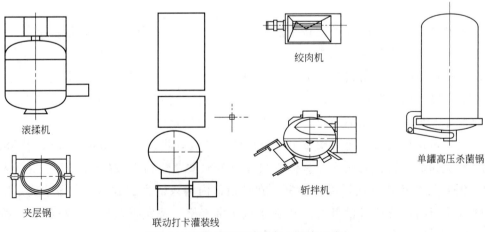

图 4-14 几种常用的肉类加工设备示意

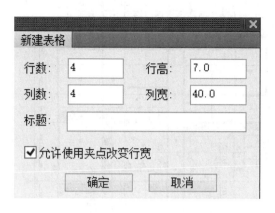

图 4-15　新建表格对话框

6. 其他

（1）文字编辑　点击"文字表格"按钮，在下拉条中选择"单行文字"命令，弹出如图 4-16 所示的对话框，在对话框内输入文字，然后插入到图纸的合适位置。一般文字字高选择3.5～5.0。

图 4-16　单行文字对话框

（2）指北针的插入　点击"符号标注"按钮，在下拉条中选择"画指北针"命令，在图纸上插入与总平面布置图上方向一致的指北针。

（3）图签的编辑　任何一张图纸都要有图签，在上面说明：设计单位、项目名称、图纸名称、设计人、审核人、图别、图号以及绘制日期等内容。如图 4-17 所示。

注册执业章 REGISTERED PRACTICE SIGNET		设计单位名称			工程项目				
					子项名称	肉制品加工车间			
姓名 NANE		设计 DESIGN	1:200	设计总负责人 PRCNT LEACER			设计号 PRCUECT ND		
注册印章号 FEGIBED SCETNO		制图 DRAFING		审核 CHMD BY		车间工艺平面图	图制 DWG TYPE	食施	
注册证书号 FERSBAD DEEMCATEMD		校对 PRCCFREADER		审定 APPD BY			图号 DWG NO	1	1
		专业负责人 SUBJENGMEER		院长 CFECTDR			日期 DATE	2008.2	

图 4-17　图签

如图 4-18 所示为班产 45t 熟肉制品的加工车间平面图。

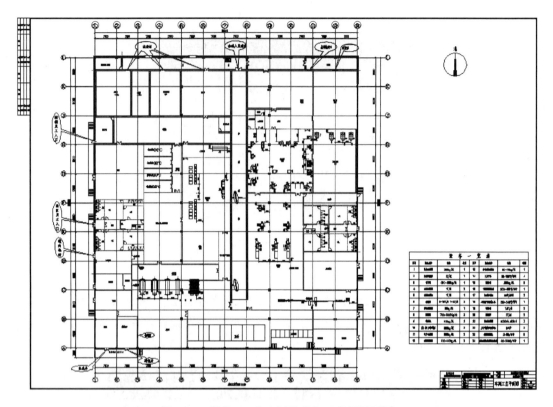

图 4-18　班产 45t 熟肉制品的加工车间平面图

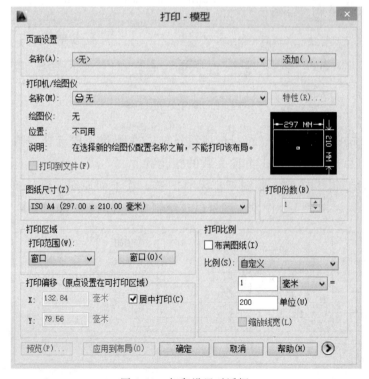

图 4-19　打印设置对话框

三、CAD 图打印输出

设计图纸完成后需要进行打印输出，在 CAD 的打印输出中通常会用到 A4 或者 A3 幅面的打印纸。具体的操作方法如下所述。

① 点击"文件"按钮，在下拉条中选择打印，会弹出如图 4-19 所示的对话框，在"图纸尺寸"选项卡中设置图纸尺寸，如 A4、A3 等，现以 A4 为例说明。

"打印比例"选择"自定义"，将下方的"1 毫米＝＊＊＊单位"按做图时的比例输入，例如，做图时比例为 1∶200，则 1 毫米＝200 单位；"打印偏移"下将"居中打印"前方框内打勾（即选中）。

② 选择打印区域，在如图 4-19 所示的对话框中，在"打印范围"选项卡中选择"窗口"按钮，会回到做图界面，然后用鼠标选中图框左上角，一直到图框的右下角后，会重新回到打印设置对话框。在对话框的左下方有"预览"按钮，选择"预览"可以检查一下刚才所选的范围是否准确，同时也可以检查图纸上有没有错误，检查无误后，在窗口上点击鼠标右键，选择"打印"就可以直接打印图纸，如果有错误，选择"退出"，就会回到"打印设置"对话框进行重新设置。也可以在检查图纸无误后，在窗口上点击鼠标右键，选择"退出"到打印设置对话框，在对话框的右下方点击"确定"按钮进行打印。

第二节 典型食品车间设计图

一、猪的屠宰分割车间

如图 4-20、图 4-21 所示为猪的屠宰分割车间平面示意。

二、鸡的屠宰分割车间

如图 4-22 所示为鸡的屠宰分割车间平面示意。

三、肉品加工车间Ⅰ

如图 4-23 所示为肉品加工车间Ⅰ平面图。

四、肉品加工车间Ⅱ

如图 4-24 所示为肉品加工车间Ⅱ平面图。

五、冰激凌加工车间

如图 4-25 所示为冰激凌加工车间平面图。

六、饮料加工车间

如图 4-26 所示为饮料加工车间平面示意。

七、速冻食品加工车间

如图 4-27 所示为速冻食品加工车间平面示意。

八、焙烤食品加工车间

如图 4-28 所示为焙烧食品加工车间平面示意。

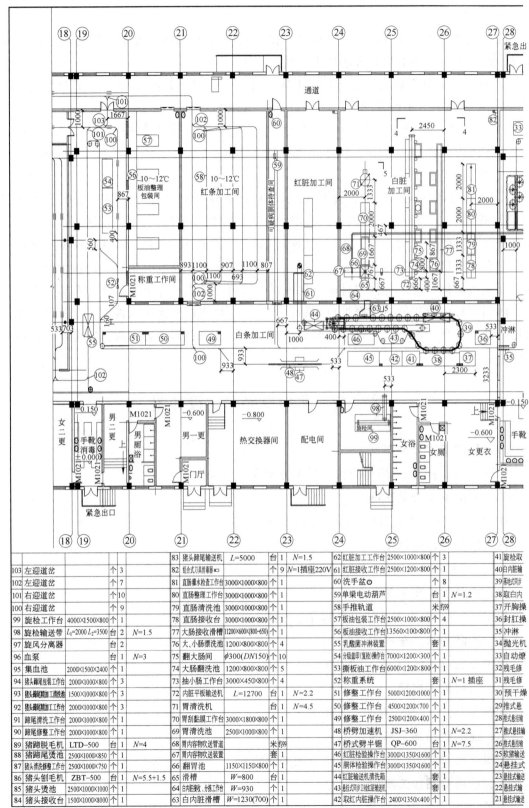

图 4-20　猪的屠宰分割

				83	猪头蹄尾输送机		L=5000	台	1	N=1.5	62	红脏加工工作台	2500×1000×800
103	左迎道岔		个	3	82	组合式刀具消毒器			个	9	N=1插座220V	61	红脏接收工作台
102	左迎道岔		个	7	81	直肠灌水检查工作台	3000×1000×800	个	1		60	洗手盆
101	右迎道岔		个	10	80	直肠整理工作台	3000×1000×800	个	1		59	单梁电动葫芦
100	右迎道岔		个	9	79	直肠清洗池	3000×1000×800	个	1		58	手推轨道
99	旋检工作台	4000×1500×800	个	1	78	直肠接收台	3000×1000×800	个	1		57	板油包装工作台
98	旋检输送带	L₁=2000 L₂=3500	台	2	N=1.5	77	大肠接收滑槽	1200×600(800~650)	个	1		56	板油接收滑槽
97	旋风分离器		台	2	76	大、小肠漂洗池	1200×800×800	个	4		55	乳酸菌冲淋装置
96	血泵		台	1	N=3	75	翻大肠池	φ300(DN150)	个	10		54	分级盖印(复检)操作台
95	集血池	2000×1500×2400	个	1	74	大肠翻洗池	1200×800×800	个	5		53	撕板油工作台
94	猪蹄尾包装工作台	2000×1000×800	个	3	73	抽小肠工作台	3000×450×800	个	4		52	称重系统
93	猪头蹄尾精加工清洗台	1500×1000×800	个	3	72	内脏平板输送机	L=12700	台	1	N=2.2	51	修整工作台
92	猪头蹄尾精加工工作台	2000×1000×800	个	3	71	胃清洗机		台	1	N=4.5	50	修整工作台
91	蹄尾清洗工作台	2000×1000×800	个	1	70	胃刮黏膜工作台	3000×1800×800	个	1		49	修整工作台
90	蹄尾修整工作台	2000×1000×800	个	1	69	胃清洗池	2500×1000×800	个	1		48	桥劈加速机
89	猪蹄脱毛机	LTD-500	台	1	N=4	68	胃内容物吹送管道		米			47	桥式劈半锯
88	猪蹄尾烫池	2500×1000×850	个	1	67	胃内容物吹送装置		套	1		46	红脏检验操作台
87	猪头清洗修整工作台	2500×1000×750	个	1	66	翻胃池	1150×1150×800	个	1		45	胴体检验操作台
86	猪头刨毛机	ZBT-500	台	1	N=5.5+1.5	65	滑槽	W=800	台	1		44	红脏输送机清洗箱
85	猪头烫池	2500×1000×1000	个	1	64	白内脏接收、分推工作台	W=930	个	1		43	悬挂式同步刀检红脏输送机
84	猪头接收台	1500×1000×8000	个	1	63	白内脏滑槽	W=1230(700)	个	1		42	取红内脏操作台

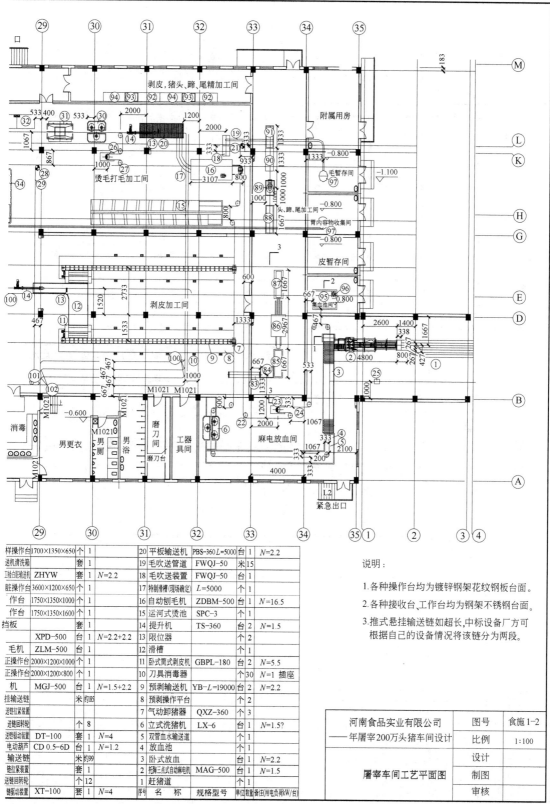

样操作台	1700×1350×650	个	1		20	平板输送机	PBS-360 L=5000	台	1	N=2.2
送机清洗箱		套	1		19	毛吹送管道	FWQJ-50	米	15	
卫格台能输送机	ZHYW	套	1	N=2.2	18	毛吹送装置	FWQJ-50	台	1	
脏操作台	3600×1200×650	个	1		17	特制滑槽(现场确定)	L=5000	个	1	
作台	1750×1350×1000	个	1		16	自动刨毛机	ZDBM-500	台	1	N=16.5
作台	1750×1350×1600	个	1		15	运河式烫池	SPC-3	个	1	
挡板		套	1		14	提升机	TS-360	台	2	N=1.5
	XPD-500	台	1	N=2.2+2.2	13	限位器		个	1	
毛机	ZLM-500	台	1		12	滑槽		个	1	
正操作台	2000×1200×1000	个	1		11	卧式筒式剥皮机	GBPL-180	台	2	N=5.5
正操作台	2000×1200×800	个	1		10	刀具消毒器		个	30	N=1 插座
机	MGJ-500	台	1	N=1.5+2.2	9	预剥输送机	YB-L=19000	台	2	N=2.2
挂输送链		米	约185		8	预剥操作平台		个	2	
送链拉紧装置		套	1		7	气动卸猪器	QXZ-360	个	3	
送链回转轮		个	8		6	立式洗猪机	LX-6	台	1	N=1.5?
送链驱动装置	DT-100	套	1	N=4	5	双管血水输送道		个	1	
电动葫芦	CD 0.5-6D	台	1	N=1.2	4	放血池		个	1	
输送链		米	约99		3	卧式放血		台	1	N=2.2
链拉紧装置		套	1		2	挡胸三点式自动麻电机	MAG-500	台	1	N=1.5
送链回转轮		个	12		1	赶猪道		个	1	
链驱动装置	XT-100	套	1	N=4	序号	名　称	规格型号	单位	数量	备注(用电负荷kW/台)

说明:

1. 各种操作台均为镀锌钢架花纹钢板台面。

2. 各种接收台、工作台均为钢架不锈钢台面。

3. 推式悬挂输送链如超长,中标设备厂方可根据自己的设备情况将该链分为两段。

河南食品实业有限公司 ——年屠宰200万头猪车间设计	图号	食施1-2
	比例	1:100
	设计	
屠宰车间工艺平面图	制图	
	审核	

车间平面示意(Ⅰ)

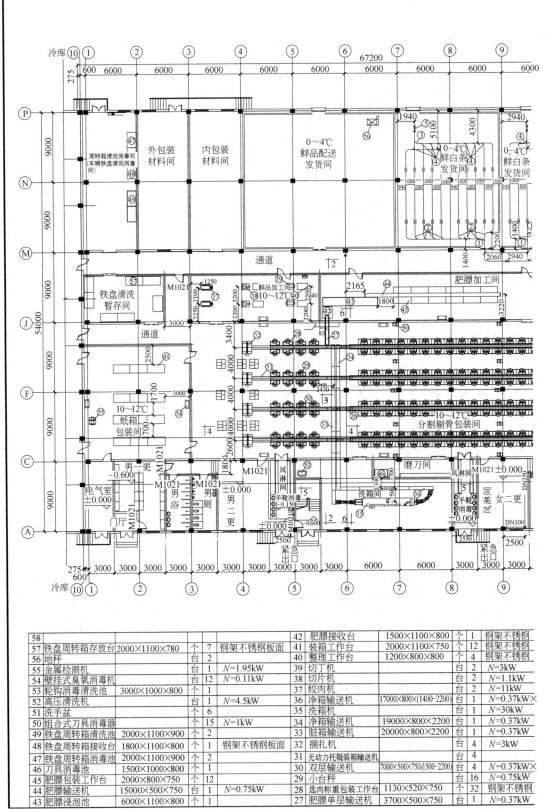

58					42	肥膘接收台	1500×1100×800	个	1	钢架不锈钢
57	铁盘周转箱存放台	2000×1100×780	个	7	钢架不锈钢板面	41	装箱工作台	2000×1100×750	个	12	钢架不锈钢
56	地秤		台	2		40	整理工作台	1200×800×800	个	4	钢架不锈钢
55	金属检测机		台	1	N=1.95kW	39	切丁机		台	2	N=3kW
54	壁挂式臭氧消毒机		台	12	N=0.11kW	38	切片机		台	2	N=1.1kW
53	轮钩消毒清洗池	3000×1000×800	个	1		37	绞肉机		台	1	N=11kW
52	高压清洗机		台	1	N=4.5kW	36	净箱输送机	17000×800×(1400~2200)	台	1	N=0.37kW×
51	洗手盆		个	6		35	洗箱机		台	1	N=30kW
50	组合式刀具消毒器		个	15	N=1kW	34	净箱输送机	19000×800×2200	台	1	N=0.37kW
49	铁盘周转箱清洗池	2000×1100×900	个	2		33	脏箱输送机	20000×800×2200	台	1	N=0.37kW
48	铁盘周转箱接收台	1800×1100×800			钢架不锈钢板面	32	捆扎机		台	4	N=3kW
47	铁盘周转箱消毒池	2000×1100×900	个	2		31	无动力托辊装箱输送机		台	4	
46	刀具消毒池	1500×1000×800	个	1		30	双层输送机	7000×500×750(1500~2200)	台	4	N=0.37kW×
45	肥膘包装工作台	2000×800×750	个	12		29	小台秤		台	16	N=0.75kW
44	肥膘输送机	15000×500×750	台	1	N=0.75kW	28	选肉称重包装工作台	1130×520×750	个	32	钢架不锈钢
43	肥膘浸泡池	6000×1100×800	个	1		27	肥膘单层输送机	3700×500×750	台	1	N=0.37kW

图 4-21 猪的屠宰分割

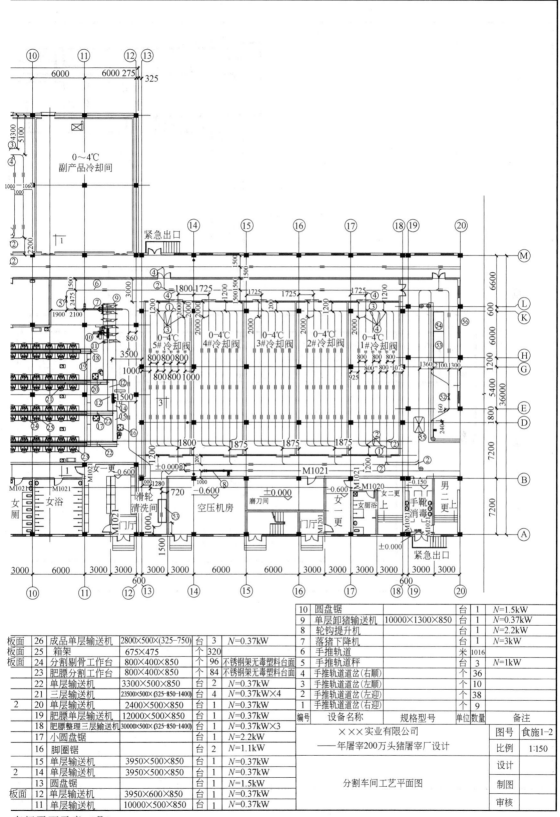

车间平面示意（Ⅱ）

	26	成品单层输送机	2800×500×(325-750)	台	3	N=0.37kW
板面	26	成品单层输送机	2800×500×(325-750)	台	3	N=0.37kW
板面	25	箱架	675×475	个	320	
板面	24	分割剔骨工作台	800×400×850	个	96	不锈钢架无毒塑料台面
	23	肥膘分割工作台	800×400×850	个	84	不锈钢架无毒塑料台面
	22	单层输送机	3300×500×850	台	1	N=0.37kW
	21	三层输送机	23500×500×(325-850-1400)	台	4	N=0.37kW×4
2	20	单层输送机	2400×500×850	台	1	N=0.37kW
	19	肥膘单层输送机	12000×500×850	台	1	N=0.37kW
	18	肥膘整理三层输送机	30000×500×(325-850-1400)	台	1	N=0.37kW×3
	17	小圆盘锯		台	1	N=2.2kW
	16	脚圈锯		台	2	N=1.1kW
	15	单层输送机	3950×500×850	台	1	N=0.37kW
2	14	单层输送机	3950×500×850	台	1	N=0.37kW
	13	圆盘锯		台	1	N=1.5kW
板面	12	单层输送机	3950×600×850	台	1	N=0.37kW
	11	单层输送机	10000×500×850	台	1	N=0.37kW

10	圆盘锯		台	1	N=1.5kW
9	单层卸猪输送机	10000×1300×850	台	1	N=0.37kW
8	轮钩提升机		台	1	N=2.2kW
7	落猪下降机		台	1	N=3kW
6	手推轨道		米	1016	
5	手推轨道秤		台	3	N=1kW
4	手推轨道道岔(右顺)		个	36	
3	手推轨道道岔(左顺)		个	10	
2	手推轨道道岔(左迎)		个	38	
1	手推轨道道岔(右迎)		个	9	
编号	设备名称	规格型号	单位	数量	备注

×××实业有限公司		图号	食施1-2
——年屠宰200万头猪屠宰厂设计		比例	1:150
		设计	
分割车间工艺平面图		制图	
		审核	

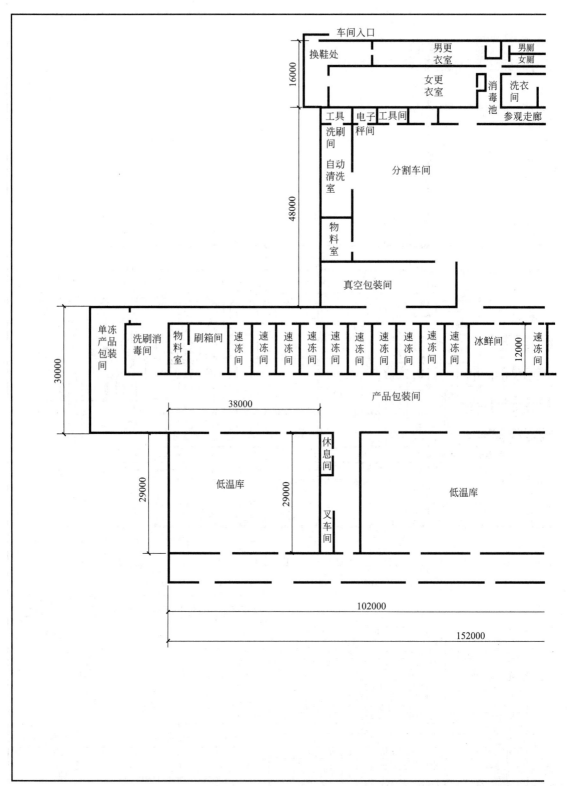

图 4-22 鸡的屠宰分

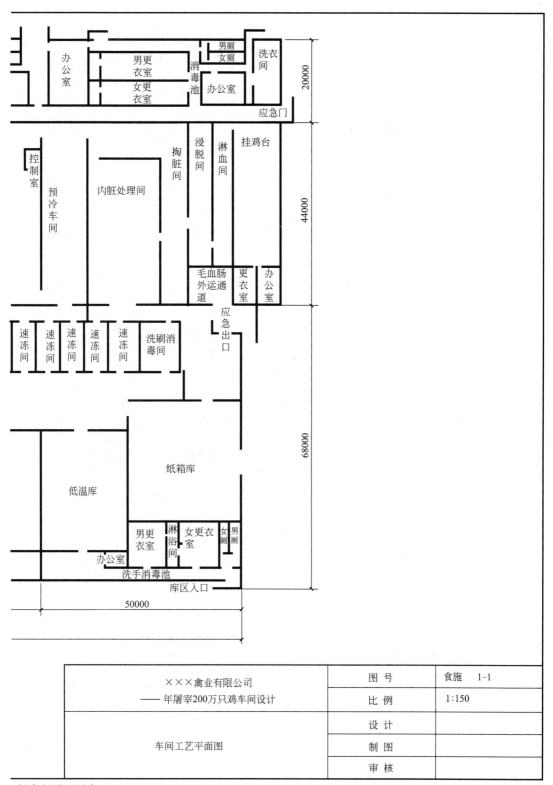

×××禽业有限公司 ——年屠宰200万只鸡车间设计		图 号	食施 1-1	
		比 例	1:150	
车间工艺平面图		设 计		
		制 图		
		审 核		

割车间平面示意

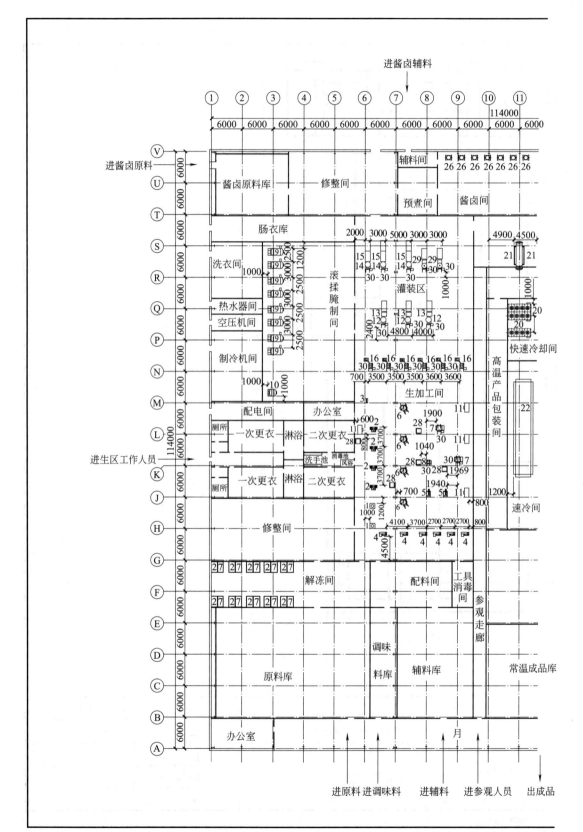

图 4-23 肉品加

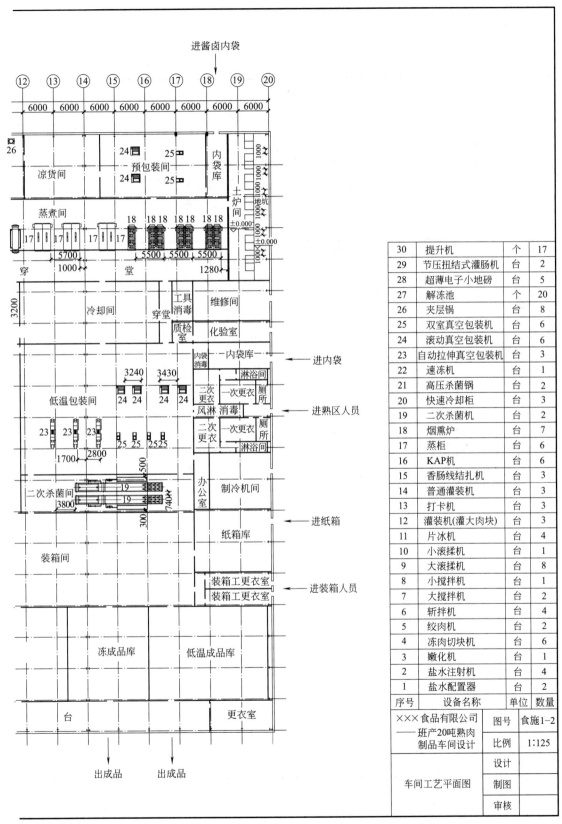

进酱卤内袋

30	提升机	个	17
29	节压扭结式灌肠机	台	2
28	超薄电子小地磅	台	5
27	解冻池	个	20
26	夹层锅	台	8
25	双室真空包装机	台	6
24	滚动真空包装机	台	6
23	自动拉伸真空包装机	台	3
22	速冻机	台	1
21	高压杀菌锅	台	2
20	快速冷却柜	台	3
19	二次杀菌机	台	2
18	烟熏炉	台	7
17	蒸柜	台	6
16	KAP机	台	6
15	香肠线结扎机	台	3
14	普通灌装机	台	3
13	打卡机	台	3
12	灌装机(灌大肉块)	台	3
11	片冰机	台	4
10	小滚揉机	台	1
9	大滚揉机	台	8
8	小搅拌机	台	1
7	大搅拌机	台	2
6	斩拌机	台	4
5	绞肉机	台	2
4	冻肉切块机	台	6
3	嫩化机	台	1
2	盐水注射机	台	4
1	盐水配置器	台	2
序号	设备名称	单位	数量

×××食品有限公司 —— 班产20吨熟肉制品车间设计	图号	食施1-2
	比例	1:125
	设计	
车间工艺平面图	制图	
	审核	

工车间（Ⅰ）

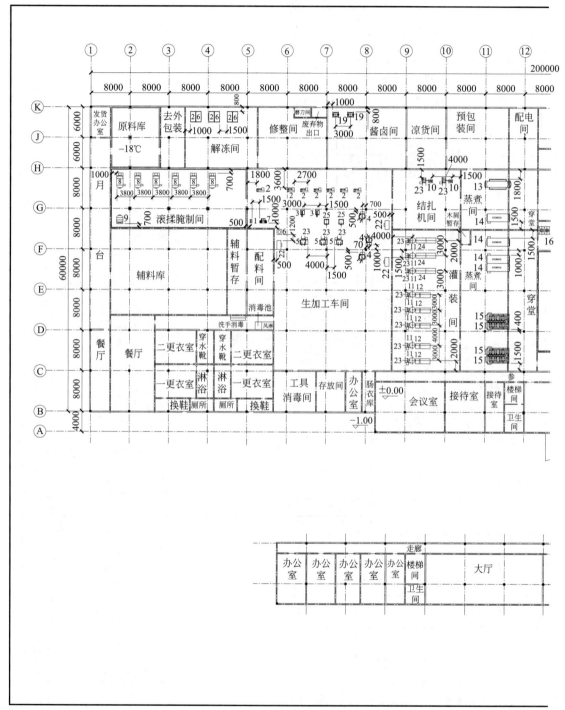

图 4-24　肉品加工

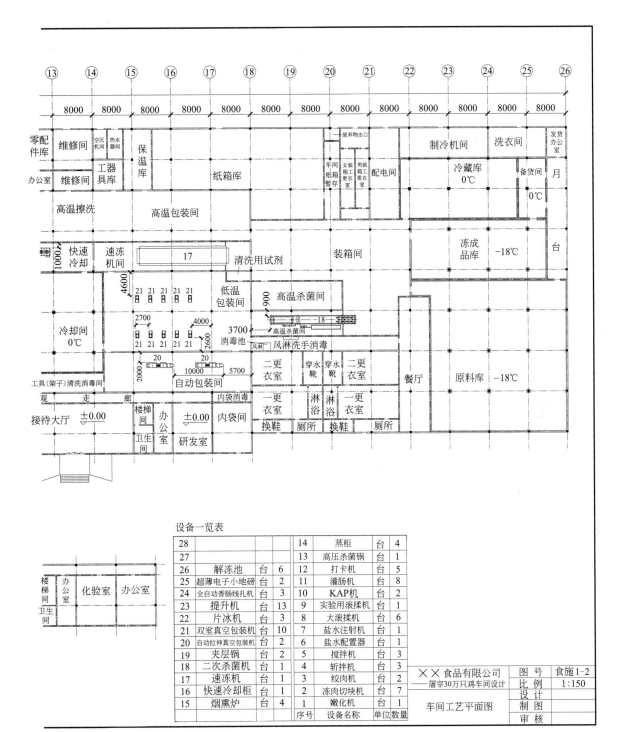

车间Ⅱ平面图

设备一览表

序号	设备名称	单位	数量		序号	设备名称	单位	数量
28					14	蒸柜	台	4
27					13	高压杀菌锅	台	1
26	解冻池	台	6		12	打卡机	台	5
25	超薄电子小地磅	台	2		11	灌肠机	台	8
24	全自动香肠线扎机	台	3		10	KAP机	台	2
23	提升机	台	13		9	实验用滚揉机	台	1
22	片冰机	台	3		8	大滚揉机	台	6
21	双室真空包装机	台	10		7	盐水注射机	台	1
20	自动拉伸真空包装机	台	2		6	盐水配置器	台	1
19	夹层锅	台	2		5	搅拌机	台	3
18	二次杀菌机	台	1		4	斩拌机	台	3
17	速冻机	台	1		3	绞肉机	台	2
16	快速冷却柜	台	1		2	冻肉切块机	台	7
15	烟熏炉	台	4		1	嫩化机	台	1
序号	设备名称	单位	数量		序号	设备名称	单位	数量

×× 食品有限公司		图　号	食施1-2
——屠宰30万只鸡车间设计		比　例	1:150
		设　计	
车间工艺平面图		制　图	
		审　核	

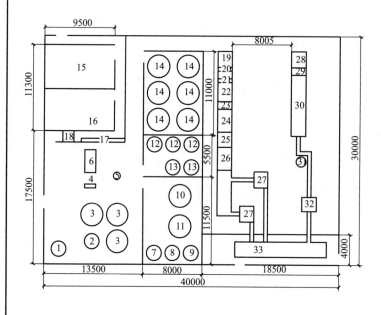

33	包装台		
31	巧克力涂布缸	32	包装机
29	灌注机	30	速冻隧道
27	包装机	28	凝冻机
25	杀菌池	26	热水清洗池
23	脱水池	24	脱模机
21	插棒机	22	冻结输送带
19	凝冻机	20	灌注机
17	洗手池	18	消毒池
15	男更衣室	16	女更衣室
13	发酵缸	14	老化缸
11	碱液缸	12	油缸
9	蒸汽加热缸	10	酸液缸
7	热水缸	8	清水缸
5	平衡阀	6	均质机
3	混料缸	4	热交换器
1	投料缸	2	热水缸
序号	名称	序号	名称

×××食品有限公司 ——冰激凌生产车间设计	图号	食施1-3
	比例	1:100
车间平面图	设计	
	制图	
	审核	

图 4-25　冰激凌加工车间平面图

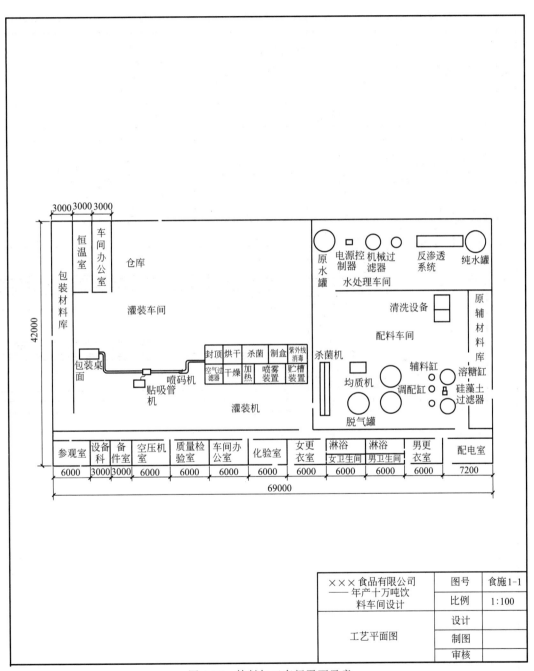

图 4-26　饮料加工车间平面示意

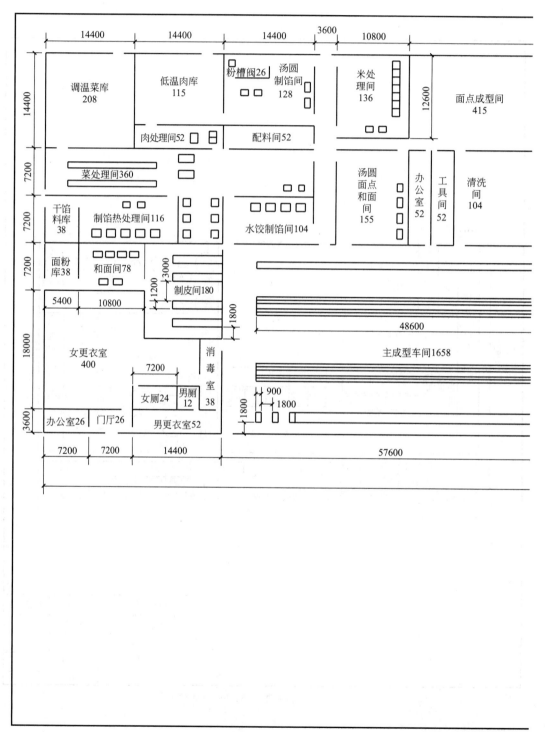

图 4-27　速冻食品

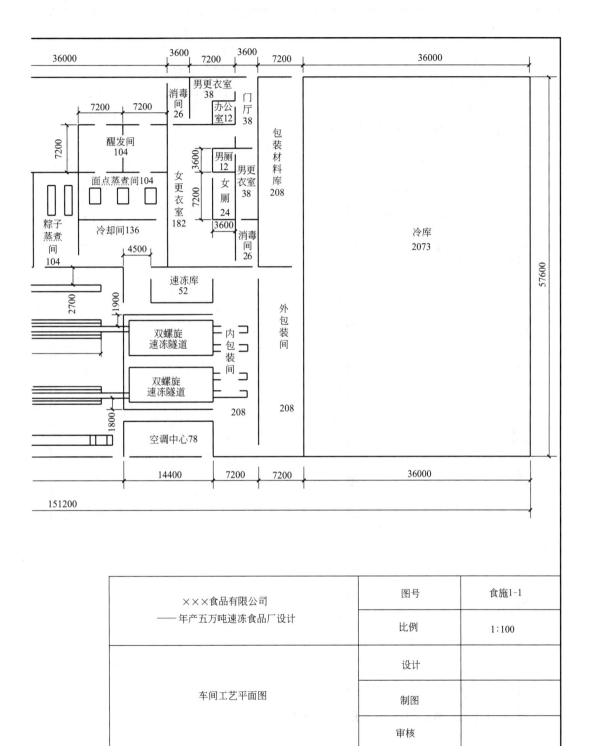

加工车间平面示意

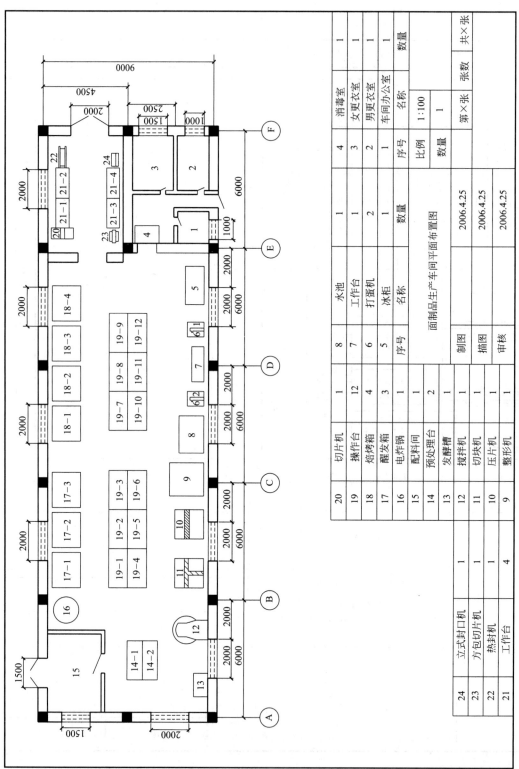

图 4-28 焙烤食品加工车间平面示意

【思考题】

1. 说明食品工厂车间设计的特点、内容及要求。
2. 说明车间平面布置图的基本内容以及图纸要求。
3. 画出肉品工厂、乳品工厂以及速冻食品工厂等的车间平面布置图。

第五章　辅助部门设计

食品工厂的辅助设施是指与生产有密切关系的一些技术和生活设施。辅助设施往往占据着整个工厂的大部分。食品工厂的辅助部门主要包括原料接收部门、仓库、化验室及中心实验室、管理系统、运输设施、卫生及生活设施等。

第一节　原料接收部门

原料接收通常是食品工厂生产的第一个环节，这一环节的控制严格与否将直接影响后面的生产工序。原料接收通常在原料接收站内进行。原料接收站大多数设在厂内，也有的设在厂外，或者是直接设在产地。不论设在厂内或厂外，原料接收站都需要有适宜的卸货、验收、计量、即时处理、车辆回转和容器堆放场地，并配备相应的计量装置（如地磅、电子秤等）、容器和即时处理配套设备（如冷藏装置等）。现举一些代表性的原料接收站分述如下。

一、粮食原料接收站

粮食工厂原粮的运输方式有水路、公路和铁路运输三种。

通过水路运粮的加工企业的粮食原料接收站通常坐落在沿海地区的港口，粮食原料接收站通常以国际间通航的船舶类型、构造和吨位作为主要依据，来粮在按照各项标准严格检验合格后通常采用吸粮机卸粮，吸粮机通常安装在岸边或安装在专用船上。

通过公路运粮的加工企业的粮食原料接收站通常需有卸粮坑和输送机。粮食由汽车倒入卸粮坑，经提升机和仓顶输送机送入筒仓。

通过铁路运粮的加工企业的粮食原料接收站基本与公路运粮的接收站相同，由卸粮坑和输送机组成。所不同的是由于运输车辆不同，接收装置的结构形式有差异。

二、蔬菜原料接收站

对于蔬菜原料，应视物料的具体性质，在原料接收站配备相应的预处理装置，如蘑菇的护色、马蹄的去皮等。预处理完毕后，应尽快进行下一道生产工序，以确保产品的质量。

三、水果原料接收站

对肉质娇嫩、新鲜度要求较高的浆果类水果，如杨梅、葡萄、草莓等，原料接收站应具备避免果实日晒雨淋、保鲜、进出货方便的条件，而且使原料尽可能减少停留时间，尽快进入下一道生产工序。

对一些进厂后不要求立即加工，甚至需要经过后熟，以改善质构和风味的水果（如洋梨），在原料接收站验收完毕后，经适当的挑选和分级，进入常温仓库或冷风库进行适期贮存。

四、肉类原料接收站

食品工厂使用的肉类原料，需来源于正规屠宰加工厂，是经专门检验合格的原料，因此，不论是冻肉还是新鲜肉，来厂后经地磅计量验收，即可直接进入冷库贮存。

五、奶类原料接收站

乳品工厂的原料接收站一般设在奶源比较集中的地方，也可设在厂内。奶类原料接收站的接收半径以 10～20km 为好。原料乳在接收站内应迅速冷却至 4℃以下，同时，新收的原料乳应在 12h 内运送到厂。如果收奶站设在厂内，原料乳应迅速冷却，及时加工。

随着乳制品加工技术和规模的发展，收奶半径有的在几十千米甚至 100km 以上，这主要视交通状况、运输能力来确定。

六、水产原料接收站

水产原料容易腐败，其新鲜度直接影响产品品质。为了保证食品成品的质量，水产品的原料接收站应对原料及时采取冷却保鲜措施。水产品的冻结点一般在 -2～-0.6℃之间，所以一般常采用加冰冷却保鲜法，或散装或装箱，其用冰量一般为鱼重的 40%～80%，保鲜期为 3～7d，冬天还可以延长。此法的实施，一是要有非露天的场地；二是要配备碎冰制作设施。另外，对于肉质鲜嫩的鱼虾、蟹类等通常采用冷却海水保鲜法，其保鲜效果远比加冰冷却保鲜法好。此法的实施需设置保鲜池和制冷机。方法是在保鲜池内加入海水（可将淡水人工加盐至 2.5～3.0°Bé），用制冰机使池内海水的温度保持在 -1.5～-1℃；保鲜池的大小通常按鱼水比例 7:3、容积系数 0.7 考虑。

第二节　仓　　库

食品工厂是物料流量较高的企业。原辅材料、包装材料和成品占据着很大的面积，并且在厂内停留的时间很长，因此食品工厂需要很大的建筑面积建仓库以贮存这些物料。不同种类的食品工厂和不同规模的食品工厂，其库容量也不同。如罐头厂的仓库面积要比总的生产车间面积大，而糕点厂和糖果厂的仓库面积要比总的生产车间面积小。另外，不同种的食品工厂，其仓库类别的比例也不同。肉制品加工原料库（冷藏库）相对来说要比成品库大一些，而罐头、糖果厂的成品库相对来说要比原料库小一些，所以设计仓库时要注意两个方面，即容量和位置。工艺设计人员要先决定各类仓库的容量，然后提供资料给土建工种，并一起确定它们在总平面中的位置。

一、食品工厂仓库的类型

食品工厂仓库主要有原料仓库（包括常温库、冷风库、冷藏库）、辅助材料仓库（存放油、糖、盐及其他辅料）、成品库、包装材料库（存放包装纸、纸箱、商标纸等）、杂物仓库（存放废旧机器、各种钢材、有色金属等零星杂物）等。此外，有些食品工厂根据本厂的特点，还设置一些玻璃瓶及集装箱堆放场、危险品仓库等。

二、食品工厂仓库的特点

1. 负荷的不均衡性

该特性最明显的是果蔬制品加工厂和冰激凌加工厂。果蔬制品加工厂由于原料生产的季节性，冰激凌加工厂由于消费的季节性，导致一段时间内仓库出现超负荷，淡季时仓库又显得空余，其负荷曲线呈剧烈起伏状态。

2. 贮藏条件要求高

食品企业仓库由于卫生规范的要求，必须具有防鼠、防尘、防潮的装置。有的由于产品的要求还需要低温环境，甚至恒温环境。

3. 决定库存期长短的因素较为复杂

生产出口食品的企业，成品库存期的长短取决于产品在国际市场上的销售渠道是否畅通；而内销食品，其库存期很大程度上受国内市场因素的影响；有的食品加工企业生产的产品在原料旺季加工，淡季销售甚至全年销售；有的可能由于生产中出现不可预料的情况，如包装材料因生产计划临时改变而被迫存放延期等。这些因素都需要在设计仓库容量时加以考虑。

三、食品工厂仓库容量的确定

原辅材料仓库的大小取决于各种原辅材料的日需要量和生产贮备天数。成品仓库的大小取决于产品的日产量及周转期。此外，仓库的大小还和货物的堆放形式有关。在确定以上几项参数后，通过物料衡算，根据单位产品消耗量，即可计算出仓库面积。

对某一仓库的容量，可按下式确定：

$$V = wt \tag{5-1}$$

式中　V——仓库容量，kg；

　　　w——单位时间（日或月）货物量，kg/日或 kg/月；

　　　t——存放时间，日或月。

单位时间的货物量 w 应包括同一时期内，存放同一库内的各种物料的总量。需要注意的是，食品工厂的产量是不均衡的，单位时间货物量 w 的计算一般以旺季为基准，可通过物料衡算求取。

存放时间 t 则需根据具体情况选择确定。对原料库来说，不同的原料要求有不同的存放时间。究竟要存放多长时间，还应根据原料本身的贮藏特性和维持贮藏条件所需要的费用做出经济分析，不能一概而论。对于果蔬制品加工厂，由于原料大多来源于初级农产品，而农产品有很强的季节性，一般采收期很短，原料进厂高度集中，这就要求仓库有较大的容量；对于一些糕点厂、糖果厂存放面粉和糖的原料库，存放时间可适当长些；肉制品加工厂和乳制品加工厂的原料库，存放时间可适当短一些。对成品库的存放时间，不仅要考虑成品本身的贮藏特性和维持贮藏条件所需要的费用，而且还应考虑成品在市场上的销售情况，按销售最不利，也就是成品积压最多时来计算。

一般来说，果蔬加工企业原料存贮时间为 2～3d；对一些易老化的蔬菜原料如芦笋、蘑菇、刀豆、青豆类，原料常温存贮时间一般为 1～2d，高温库存贮时间一般为3～5d；果蔬汁原料在常温下可存放几天到几十天，如果采用高温贮存可存放 2～3 个月；冷藏库存贮冻结好的肉禽和水产原料，存放时间可取 30～45d，冷藏库的容量可根据实践经验，直接按年生产规模的 20%～25% 来确定；乳粉成品一般可按存贮 15～33d考虑；饮料成品按存贮 7～10d 考虑；罐头成品按 2～3 个月的存贮时间或年产量的25% 来考虑；包装材料的存放时间一般按 3 个月的需要考虑。

四、食品工厂仓库建筑面积的确定

仓库容量确定以后，食品工厂仓库的建筑面积可按下面公式进行计算。

$$A = A_1 + A_2 = \frac{V}{dK} + A_2 \qquad (5\text{-}2)$$

式中　A——仓库建筑面积，m^2；

　　A_1——仓库库房建筑面积，m^2；

　　A_2——仓库辅助用房建筑面积（如楼梯、电梯、生活间等），m^2；

　　d——单位库房面积可堆放的物料净重，kg/m^2；

　　K——库房面积利用系数，一般可取 0.6～0.65；

　　V——仓库容量，kg。

需要注意的是：单位库房面积贮放的物料净重没有计入包装材料重量。同样的物料，同样的净重，因其包装形式不同，所占的空间也随之不同。比如把某一果蔬原料箱装和用箩筐装，其所占的空间就不一样。即使同样是箱装，其箱子的形状和充满度也有关系，所以在计算时，要根据实际情况而定。

另外地面或楼板的承载能力也给货物堆放高度以相应的限制。在确定楼板负荷时，应按毛重计。在楼板承重能力许可情况下，机械堆装要比人工堆装装得更高，如铲车托盘，可使物料堆高至 3.0～3.5m，人工则只能堆高到 2.0～2.5m。

总之，单位库房面积可堆放的物料净重取决于物料的包装方式、堆放方式以及地面或楼板的承载能力，在从理论上计算出基础数据后，应参照实测数据或经验数据进行修正。

五、食品工厂仓库对土建的要求

1. 原料库

（1）果蔬类原料　果蔬类原料库可分为两种。一种是短期贮藏，一般用常温库，可用简易平房，仓库的门要便于物料进出。另一种是较长时间贮藏，一般用冰点以上的冷库（高温冷库），库内相对湿度以 85%～90% 为宜，一般设在多层冷库的底层或单层平房内。如有需要，还可以对果蔬原料采用气调贮藏、辐射保鲜、真空冷却保鲜等贮藏方法。

（2）肉禽类原料　肉禽类原料所用的冷库一般也称为低温冷库，温度为 $-18\sim$ $-15℃$，相对湿度为 $95\%\sim100\%$，为防止物料干缩，避免使用冷风机，而采用排管制冷。

（3）粮粉类原料　粮仓类型较多，按控温性能可分为低温仓、准低温仓和常温仓。其划分标准为：可将粮温控制在 $15℃$ 以下（含 $15℃$）的粮仓为低温仓；可将粮温控制在 $20℃$ 以下（含 $20℃$）的粮仓为准低温仓。除低温仓、准低温仓以外的其他粮仓为常温仓。按仓房的结构形式可分为房仓式和机械化立筒仓等。

贮粉仓库应保持清洁卫生和干燥，袋装面粉堆放贮存时，应用枕木隔潮。

2. 成品库

成品库要求进出货物方便，地坪或楼板要结实，每平方米要求能承重 $1.5\sim2.0t$，可使用铲车托盘堆放时，需考虑附加负载。面粉制品不可露天堆放，糖果类及水分含量低的饼干类制品的库房应干燥、通风，防止制品吸水变质。而水分和油脂含量高的蛋糕、面包等制品的库房，则应保持一定的温湿度条件，以防止制品过早干硬或油脂酸败。

3. 保温库

保温库一般只用于罐头制品的保温，宜建成小间形式，以便按不同的班次、不同规格分开堆放。保温库的外墙应按保温墙设计建造，不宜开窗，门要紧闭。库内空间不必太高，$2.8\sim3.0m$ 即可。每个小间应单独配设温度自控装置，以自动保持恒温。

4. 包装材料库

包装材料库要求防潮、去湿、避晒，窗户宜小不宜大。库房楼板的设计荷载能力随物料容量而定，物料容量大的，如罐头成品库之类，宜按 $1.5\sim2.0t/m^2$ 考虑，容量小的空罐仓库，可按 $0.8\sim1.0t/m^2$ 考虑，介于这两者之间的按 $1.0\sim1.5t/m^2$ 考虑。如果在楼层使用机动叉车，则需要由土建设计人员加以核定。

六、仓库在总平面布置中的位置

生产车间是全厂的核心，仓库的位置只能是紧紧围绕这个核心合理地安排。但作为生产的主体流程来说，原料仓库、包装材料库及成品库显然也属于总体流程图的有机部分。工艺设计人员在考虑工艺布局的合理性和流畅性时，决不能只考虑生产车间内部，应把基点扩大到全厂总体上来，如果只求局部合理，而在总体上不合理，所造成的矛盾或增加运输的往返，或影响到厂容厂貌，或阻碍了全厂的远期发展，因此，在进行工艺布局时，一定要通盘全局地考虑。

第三节　化验室及中心实验室

食品工厂的化验室和中心实验室同属于科研实验室，它们是食品工厂生产技术的检验和研究机构，它们需要对出厂的产品进行严格的质量和卫生检验；能够根据工厂实际情况向工厂提供新产品、新技术，从而使工厂具有较强的竞争能力。

一、化验室

化验室是食品工厂的检验部门，它的职能是对产品的原辅材料及加工成品进行质量和卫生方面的检验，以确保这些原辅材料和最终成品符合国家标准。

1. 化验室的任务

化验室的任务就检验对象而言，可分为：对原料的检验；对成品的检验；对包装材料的检验；对各种食品添加剂的检验；对水质的检验；对环境的监测等。

就检验的项目而言可分为感官检验、理化检验、微生物检验。

并不是每一种对象都要检查 3 个项目，检验项目根据需要而定。一般对成品的检验比较齐全，并且是检验的重点。

如乳品厂对成品酸乳的检验指标如下。

（1）感官指标　检验项目：色泽、滋味和气味、组织状态。

（2）理化指标　检验项目：脂肪、非脂乳固体、总固形物、蛋白质、酸度、铅、黄曲霉毒素 M_1、无机砷。

（3）微生物指标　检验项目：乳酸菌数、大肠菌群、酵母菌、霉菌、致病菌（沙门菌、金黄色葡萄球菌、志贺菌）。

2. 化验室的组成

化验室的组成一般是按检验项目来划分的，它分为感官检验室（可兼作日常办公室）、物理检验室、化学检验室、精密仪器室、微生物检验室（包括预备室即消毒清洗间、无菌室、细菌培养室、镜检室等）及贮藏室等。

3. 化验室的装备

化验室配备的大型用具主要有双面化验台、单面化验台、支撑台、药品柜、通风橱等。另外化验室还要配备各种玻璃仪器。不同产品（或原料）的化验室所需的仪器和设备不同，有关常用仪器及设备可参考表 5-1。

4. 化验室对土建的要求

（1）建筑位置　化验室可为单体建筑，也可合并在技术管理部门。化验室的位置最好选择在距离生产车间、锅炉房、交通要道稍远一些的地方，并应在车间的下风或楼房的高层。这是为了不受烟囱和来往车辆灰尘的干扰以及避免车辆、机器震动精密分析仪器。另外，化验室里有时有有害气体排出，在下风向或高层楼位置，有害气体不至于严重污染食品和影响工人的健康。如果所设化验室主要是检查半成品，此化验室也可设在低层楼或平房。

（2）建筑结构　房屋的建筑结构要做到防震、防火、隔热、空气流通、光线充足。通风排气橱最好在建筑房屋时一起建在适当位置的墙壁上。墙壁要用瓷砖镶好，并装上排气扇。

（3）上、下水管　化验室内上下水管的设置一定要合理、通畅。自来水的水龙头要适当多安装几个。除一般洗涤外，大量的蒸馏、冷凝实验也需要占用专用水龙头（小口径，便于套皮管）。除墙壁角落应设置适当数量水龙头外，实验操作台两头和中间也应设置水管。化验室水管应有自己的总水闸，必要时各分水管处还要设分水闸，以便于冬天开关防冻或平时修理时开关方便，并不影响其他部门的工作用水。

表 5-1　化验室常用仪器及设备

名　称	主要规格
普通天平	最大称重 1000g,感量 5mg
分析天平	最大称重 200g,感量 1mg
精密电子天平	最大称重 200g,感量 0.1mg
水分快速测定仪	最大称重 10g,感量 5mg
电热鼓风干燥箱	工作室 350mm×450mm×450mm,温度:10～300℃
电热恒温干燥箱	工作室 350mm×450mm×450mm,温度:室温至 300℃
电热真空干燥箱	工作室 ϕ350mm×400mm,温度:10～200℃
电热恒温培养箱	工作室 450mm×450mm×450mm,温度:10～70℃
冷冻真空干燥箱	工作室 700mm×700mm×700mm,温度:−40～40℃
离子交换软水器	树脂 31kg,流量 1m³/h
自动电位滴定计	测定 pH 范围 0～14;0～1400mV
比色计	有效光密度范围 0.1～0.7
携带式酸度计	测定 pH 范围 2～12
酸度计	测定 pH 范围 0～14
箱式电炉	功率 4kW,工作温度 950℃
高温管式电阻炉	功率 3kW,工作温度 1200℃
马福电炉	功率 2.8kW,工作温度 1000℃
电冰箱	温度 −30～−10℃
电动搅拌器	功率 25W,200～3200r/min
高压蒸汽消毒器	内径(ϕ)600mm×900mm,自动压力控制 32℃
标准生物显微镜	放大倍数 40×1500 倍
光电分光光度计	波长范围 420～700nm
光电比色计	滤光片 420nm,510nm,650nm
阿贝折射仪	测量范围 ND:1.3～1.7
手持糖度计	测量范围 0～50％;50％～80％
旋光仪	旋光测量范围 ±180℃
小型电动离心机	转速 2500～5000r/min
手持离心转速表	转速测量范围 30～12000r/min
旋片式真空泵	极限真空度 1.3×10⁻²Pa
手提插入式温度计	−50～−20℃;0～150℃
蛋白质快速测定仪	测定范围:含氮量 0.05％～90％
测汞仪	检测下限:0.01ng/mL

注: 本表各仪器设备均未列型号, 设计中可采用性能能够达到化验项目要求的不同仪器与设备; 本表中玻璃仪器均未列出。

　　为了方便洗涤和饮水, 有条件的工厂还可以设置热水管, 洗刷仪器用热水比用冷水效果更好。用热水浴时换水也方便, 同时节省时间和用电。

　　(4) 室内光线　化验室内应光线充足, 窗户要大些。最好用双层窗户, 以防尘和防止冬天冻结稀浓度的试剂。光源以日光灯为好, 因为此光源便于观察颜色变化。化验室内除装有共用光源外, 操作台上方还应安装工作用灯, 以利于夜间和特殊情况下操作。

　　(5) 操作台面　实验操作台面最好涂防酸、防碱的油漆, 也可以铺塑料板或黑色橡胶板。相对于塑料板, 橡胶板更实用, 既可防腐, 又可以在玻璃仪器倒了时使之不易破碎。

　　(6) 其他　天平室要求安静、防震、干燥、避光、整齐、清洁; 精密仪器室不宜受阳光直射, 并且要求与机械传动、跳动、摇动等震动大的仪器分开, 以避免各种干扰; 药品贮藏室最好为不向阳的房间, 但室内要干燥、通风; 无菌室一般要设立两道缓冲走道，在走道内设紫外线消毒。由于用电仪器较多，在四周墙壁上应多设电源插座。

二、中心实验室

中心实验室的设置是为了使工厂更新产品、改进加工技术、增加技术储备。中心实验室的功能就相当于小型研究所，但它能更紧密结合本厂的生产实际，所起的作用也更为明显。

1. 中心实验室的任务

① 收集不同品种、不同产地、不同时期的原料进行理化指标的测定，比较各种原料的特点；对原料接收站采集的样品进行检验，确定样品的等级。

② 对生产中出现异常情况时的物料进行测定，以便于分析和解决生产中出现的问题，并对事故的责任作出仲裁。

③ 为新产品的研究提供可靠的数据。

④ 研究新的原辅材料、半成品、成品等的分析检验方法。

⑤ 新型包装材料的试用研究。

⑥ 其他。如某些辅助材料自制研究；"三废"治理工艺研究、国内外技术研究等。

2. 中心实验室的装备

中心实验室一般由研究工作室、分析室、细菌检验室、样品间、资料室及试制场地等组成。中心实验室应具备先进的分析检验设备，并在表 5-1 的基础上根据分析检验技术的发展情况及时更换先进的仪器设备。中心实验室应能对厂内各种原辅材料、半成品、成品进行分析检验，能对一些研究中的试制产品及其他类型的物料进行分析检验。中心实验室原则上应在生产区内，也可单独或毗邻生产车间，或安置在由楼房组成的群体建筑内。总之，要与生产密切联系，并使水、电、汽供应方便。

第四节　管 理 系 统

一、管理系统的组成及要求

管理系统往往由厂长、职能科室办公人员等组成。食品企业的管理系统应该能够统一领导、分级管理，专业职能管理部门合理分工、密切协作。

现代食品工厂规模大、人数多，这就要求管理系统能够对企业的各项活动进行统一指挥和调度，在企业里形成强有力的纵向指挥系统，实行一级管一级，避免越级指挥，实行直线参谋制，直线指挥人员可以向下级发号施令，参谋职能人员进行业务指导和监督，避免多头指挥，以保证权威命令的迅速贯彻和执行。

管理系统的职位不能因人而设，人要与事高度配合，所有机构的设置都要有利于企业目标的实现，有利于调动职工的积极性。管理系统的设立还要与相应的责、权、利统一；要保持稳定性和适应性相结合的原则。

二、管理系统布置及面积估算

管理系统的建筑设施应集中在厂前区。因为其职能性质规定，对厂内要方便于全厂性的行政业务和生产技术管理及后勤服务；对外在建筑上要适应城市规划、市容整齐的要求，所以设置在工厂的大门附近及两侧，并要设有联系柜（包括电话总机）。有些工厂的办公室与车间毗邻，管理人员随时可通过观察窗看到车间内的情况。

办公大楼要正对着入口且附以大型花池绿化及侧旁美化，有体现厂址方位朝向的作用。此建筑物内包括行政、技术管理部门及中心实验室，并且通风采光充分。

行政办公楼的建筑面积可采用下式进行估算：

$$S=\frac{GK_1A}{K_2}+A' \tag{5-3}$$

式中　S——行政办公楼的建筑面积，m^2；

　　　G——全厂职工总人数，人；

　　　K_1——全厂办公人数比，一般取 8%～12%；

　　　K_2——建筑系数，65%～69%；

　　　A——每个办公人员使用面积，5～7m^2/人；

　　　A'——辅助用房面积，根据需要决定，m^2。

第五节　交 通 运 输

食品工厂运输方式的设计决定了运输设备的选型。而运输设备的选型又直接关系到全厂总平面布置、建筑物的结构形式、工艺布置、劳动生产率、生产的机械化与自动化等方面。但是必须注意的是，计算运输量时，不要忽视包装材料的重量，往往成品的毛重要比净重大得多。如罐头成品的毛重是产品净重的 1.35～1.4 倍，而瓶装饮料（以250mL 汽水为例）的毛重则是产品净重的 2.3～2.5 倍。

下面按运输区间分别介绍对一些常用运输设备的要求及路线的布置。

一、厂外运输

进出厂的货物一般可通过公路、铁路或水路进行运输。公路运输视物料情况一般采用载重汽车，对冷冻物品则需保温车或冷藏车，特殊物料则需要专用车辆，如运输鲜奶的槽车。对铁路运输一般用货物火车，主要运输一些运输条件比较宽松的货物。而水路运输除特殊情况外，现在一般很少运用，如果运用，工厂需配备装卸设备。

目前，大部分食品工厂采用的厂外运输仍然是自行组织安排，以后会逐步过渡到由有实力的物流系统来承担。

二、厂内运输

厂内运输指的是厂区内车间外的运输。厂区内道路弯道多且窄小，有时又要进出车间，因此要求运输设备轻巧、灵活、装卸方便，如各种叉车、手推车等。当然，随着大型现代化工厂的崛起，机械化程度高的运输设备也越来越多地穿梭于厂内。

三、车间运输

车间运输的设计也可属于车间工艺设计的一部分，因为车间运输与生产流程融为一体，工艺性很强，如运输设备选择得当，将有助于生产流程更加完美。一般可根据输送类别和物料特性来考虑输送设备。

1. 垂直运输

如果生产车间采用多层楼房的形式，就需要考虑物料的垂直运输。垂直运输最常见的设备是电梯，电梯具有载重量大的特点，可容纳大尺寸的货物甚至整部轻便车辆。但是电梯也有局限性，如：它要求物料另用容器盛装；它的输送一般是间歇的，不能实现连续化；它的位置受到限制，进出电梯往往还得设有较长的运输走廊；电梯有时会出故障，且不一定能马上修好，会影响正常的生产等。因此在设置电梯的同时，还可选择斗式提升机、磁性升降机、真空提升装置、物料泵等作为垂直运输装置。

2. 水平运输

车间内的物料流通大部分是水平流动，最常用的是带式输送机，输送带的材料必须符合食品卫生的要求，一般可采用胶带、不锈钢带、塑料链板、不锈钢链板等，一般不选用帆布带。另外，根据物料性质可使用螺旋输送机、滚筒输送机等。笨重的大件的运输可采用低起升电瓶铲车或普通铲车。

3. 起重设备

车间内常用的起重设备有电动葫芦、手动葫芦、手动或电动单梁起重机等。

食品工厂常见的运输设备参见表5-2。

表5-2　食品工厂常见运输设备

运输区间	类　别	设备名称
厂外运输	码头	简易起重机
	公路	货车
厂内运输	内燃机动车	内燃铲车
	人力车	升降式手推车
	电动车	电瓶搬运车 电瓶铲车
车间运输	胶带式运输机	通用固定式胶带运输机 携带式胶带运输机 移动式胶带运输机
	刮板式输送机	埋刮板式输送机
	螺旋输送机	CX型螺旋输送机
	斗式提升机	D型斗式提升机
	起重设备	LQ螺旋千斤顶 YQ型液压千斤顶 环链手拉葫芦 电动葫芦 手动单梁起重机 手动单梁悬挂式起重机

注：表中所列设备没有注明具体规格，具体规格可根据实际生产需要进行确定。

第六节　生活设施

食品工厂生活设施包括食堂、更衣室、浴室、厕所、婴儿托儿所、医务室等。对某些新设计的食品工厂来说，这些设施中的某些可能是多余的，但作为工艺设计师应全面了解并掌握这些基本知识。

一、食堂

食堂在厂区中应布置在靠近工人出口处或人流集中处，其服务距离不宜超过600m。食堂主要由餐厅和厨房两部分组成，内部应设洗手、洗碗、热饭设备。厨房的布置应防止生熟食品交叉，并具有良好的通风、排气装置以及防尘、防蝇、防鼠措施。食堂大小的确定包括座位数和食堂面积，其中食堂面积可分为厨房和餐厅面积，其大小与座位数有关。

食堂座位数的确定：

$$A = \frac{M \times 0.85}{CK} \tag{5-4}$$

式中　A——座位数；

　　　M——全厂最大班人数；

　　　C——进餐批数；

　　　K——座位轮换系数，一班、二班制为1.2。

食堂建筑总面积可由下式计算：

$$B = \frac{A(D_1 + D_2)}{K} \tag{5-5}$$

式中　B——食堂建筑面积；

　　　A——座位数；

　　　D_1——每座餐厅使用面积，$0.85 \sim 1.0 \mathrm{m}^2$；

　　　D_2——每座厨房及其他面积，$0.55 \sim 0.7 \mathrm{m}^2$；

　　　K——建筑系数，82%～89%。

二、更衣室

为适应食品工厂对卫生的要求，更衣室应分别设在生产车间或部门内靠近人员进出口处。更衣室内应设个人单独使用的更衣柜，以分别存放衣物鞋帽等。更衣室使用面积应按工人总人数平均每人 $1 \sim 1.5 \mathrm{m}^2$ 计算。对需要二次更衣的车间，更衣间面积应加倍计算设计。

三、浴室

为保证食品工厂的卫生条件，从事直接生产食品的工人应在上班前洗澡。因此，浴室多应设在生产车间内与更衣室、厕所等形成一体。为方便其他车间或部门的人员淋浴，厂区也应设置浴室。为了节约能源，一般工厂都将浴室设在锅炉房附近。浴室淋浴器的数量按各浴室使用最大班人数的 6%～9% 计，浴室建筑面积按每个淋浴器 5～6m² 计。

四、厕所

食品工厂内较大型的车间，特别是生产车间，应考虑在车间附近设厕所，以利生产工人的方便卫生。

厕所设施应符合工厂的卫生要求，车间厕所与作业点的距离不宜过远，并应有排臭、防蝇措施。一般采用水冲式。厕所便池蹲位数量应按最大班人数计。男每 40～50 人设一个，女每 30～40 人设一个。厕所建筑面积按每个蹲位 2.5～3m^2 计。

五、婴儿托儿所

全厂女职工在 100 名以上的工业企业，应设婴儿托儿所。婴儿托儿所应设在女工较多的车间附近，但不得设在有害物质车间年最大频率风向的下风侧，并应具有充足的日照和良好的通风，有户外活动场地。

六、医务室

在职人数不到 300 名的食品企业，根据生产需要，可设卫生室。其使用面积应不大于 20m^2。职工人数在 300～5000 的食品企业，应设置医务所。职工人数在 5000 以上的食品企业，应设置职工医院；交通不便的山区以及边远地区的食品企业，职工人数在 3000 人以上的可设置职工医院。

第七节　工厂卫生设施

食品卫生不仅直接影响产品的质量，而且关系到人民的身体健康，是一个关系到工厂生存和发展的大问题。为了防止食品在生产加工过程中受到污染，食品工厂的建设必须从厂址选择、总平面布置、车间布置、施工要求到相应的辅助设施等方面加以重视，按照 GMP、HACCP、QS 等标准规定的要求进行周密地安排，并在生产过程中严格执行国家颁布的食品卫生法规和有关食品卫生条例，以保证食品的卫生质量。

一、厂址选择的卫生要求

在选择厂址时，既要考虑来自外环境的有毒有害因素对食品可能产生的污染，又要避免生产过程中产生的废气、废水和噪声对周围居民产生的不良影响。综合考虑食品企业的经营与发展、食品安全与卫生以及国家有关法律、法规等诸多因素，食品企业厂址的一般要求如下。

① 要选择地势干燥、交通方便、有充足水源的地区。厂区不应设于受污染河流的下游。

② 厂区周围不得有粉尘、有害气体、放射性物质和其他扩散性污染源；不得有昆虫大量孳生的潜在场所，避免危及产品卫生安全。

③ 厂区要远离有害场所。生产区建筑物与外缘公路或道路应有防护地带，其距离可根据各类食品工厂的特点由各类食品工厂卫生规范另行规定。

二、工厂总平面布局的卫生要求

厂内布局首先必须注意污染源及被污染的问题，目的是要防止外环境对食品的污染，具体要注意以下几点。

① 各类食品工厂应根据本厂特点制订整体规划。要合理布局，划分生产区和生活区，生产区应在生活区的下风向。

② 建筑物、设备布置与工艺流程三者衔接合理，建筑结构完善，并能满足生产工艺和质量卫生要求；建筑物和设备布置还应考虑生产工艺对温度、湿度及其他工艺参数的要求，防止毗邻车间受到干扰。

③ 厂区道路应通畅，便于机动车通行，有条件的应修环形路且便于消防车辆到达各车间；道路由混凝土、沥青及其他硬质材料铺设，防止积水及尘土飞扬。

④ 厂房之间、厂房与外缘公路或道路之间应保持一定距离，中间设绿化带，各车间外裸露地面应进行绿化。

⑤ 给排水系统应能适应生产需要，设施应合理有效，经常保持畅通，有防止污染水源及鼠类、昆虫通过排水管道潜入车间的有效措施。净化和排放设施不得位于生产车间主风向的上方。污物（加工后的废弃物）存放应远离生产车间，且不得位于生产车间上风向。

⑥ 锅炉烟筒高度和排放粉尘量应符合 GB 3841 的规定，烟道出口与引风机之间须设置除尘装置；其他排烟、除尘装置也应达标后再排放，防止污染环境；排烟除尘装置应设置在主导风向的下风向。季节性生产厂应设置在季节风向的下风向。

⑦ 实验动物以及待加工禽畜饲养区应与生产车间保持一定距离，且不得位于主导风的上风向。

三、厂区内部建筑设施的卫生要求

生产车间的配置可在多层建筑中垂直配置，也可在单层建筑（平房）中水平配置，垂直式即按生产过程从原料到成品自上而下地配置，做到原料与成品及污物的绝然隔离。平房占地面积多且安装上下水和电线时多费管线，增加工厂配备各种卫生技术设备的困难，但平房通风采光好，无论何种配置方式均应符合下列基本卫生要求。

① 对于食品企业的生产厂房的高度应能满足工艺、卫生要求，以及设备安装、维护和保养的需要。

② 生产车间人均占地面积（不包括设备占位）不能少于 $1.50m^2$，高度不低于 3m，地面应使用不渗水、不吸水、无毒、防滑材料（如耐酸砖、水磨石、混凝土等）铺砌，应有适当坡度，在地面最低点设置地漏，以保证不积水。其他厂房也要根据卫生要求进行设置。

③ 屋顶或天花板应选用不吸水、表面光洁、耐腐蚀、耐高温、浅色材料覆涂或装修，要有适当的坡度，在结构上减少凝结水滴落，防止虫害和霉菌孳生，以便于洗刷、消毒。

④ 生产车间墙壁要用浅色、不吸水、不渗水、无毒材料覆涂，并用白瓷砖或其他防腐蚀材料装修高度不低于 1.50m 的墙裙，墙壁表面应平整光滑，其四壁和地面交界面要呈弯形，防止污垢积存，并便于清洗。

⑤ 车间门、窗、天窗要严密不变形，防护门要能两面开，设置位置适当，并便于卫生防护设施的设置。窗台要设于地面 1m 以上，内侧要下斜 45°。非全年使用空调的车间的门、窗应有防蚊蝇、防尘设施，纱门应便于拆下洗刷。

⑥ 通道要宽畅，便于运输和卫生防护设施的设置。楼梯、电梯传送设备等处要便

于维护和清扫以及洗刷和消毒。

⑦ 生产车间、仓库应有良好通风，采用自然通风时通风面积与地面积之比不应小于 1:16；采用机械通风时换气量不应小于每小时换气 3 次，机械通风管道进风口要距地面 2m 以上，并远离污染源和排风口，开口处应设防护罩。饮料、熟食、成品包装等生产车间或某些工序用室必要时应增设水幕、风幕或空调设备。

⑧ 车间或工作地点应有充足的自然采光或人工照明，位于工作台、食品和原料上方的照明设备应加防护罩。

⑨ 建筑物及各项设施应根据生产工艺卫生要求和原材料贮存等特点，相应设置有效的防鼠、防蚊蝇、防尘、防飞鸟、防昆虫的侵入、隐藏和孳生的设施，防止受其危害和污染。

四、车间生产卫生用室的卫生要求

食品工厂应设置生产卫生用室（浴室、更衣室、盥洗室、洗衣房）和生活卫生用室（休息室、食堂、厕所）。更衣室和休息室可合并设置。对食品工厂而言生产卫生用室尤为重要，它直接影响生产卫生水平及产品卫生质量。工人上班前在更衣室内完成个人卫生处理后方可进入车间从事食品生产，因此更衣室、盥洗室等生产卫生用室又可称为"卫生通过室"，其面积一般可按 $0.3 \sim 0.4 \text{m}^2 / $ 人安排。

1. 卫生通过室的平面布置方式

卫生通过室的平面布置方式有边房式和脱开式两种，如图 5-1～图 5-3 所示。边房式将卫生通过室布置在车间一边，优点为外墙面积小，对冬季采暖有利，但对车间及其通风采光不利，尤其布置在侧墙时（图 5-2）影响更大。而脱开式将卫生通过室和生产车间脱开，通过一过道相连，这样布置占地面积大，各种管道的长度也相应增加，但不影响采光，布局合乎卫生要求（图 5-3）。

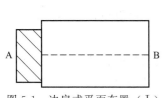

图 5-1 边房式平面布置（Ⅰ）

A—卫生通过室；B—车间

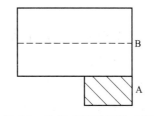

图 5-2 边房式平面布置（Ⅱ）

A—卫生通过室；B—车间

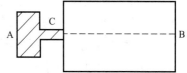

图 5-3 脱开式平面布置

A—卫生通过室；B—车间；C—通道

2. 卫生通过室的内部布局

卫生通过室的内部布局以脱开式布置为例，如图 5-4 所示。

图中所示 1～4 为四道纱门，工人进入第一道纱门后，再通过第二道（2 及 2′）分别进入男女更衣室（内设男女专用便池）。穿戴工作服、帽、口罩和换鞋后通过 3 及 3′进入洗手消毒室。冷饮、罐头、乳制品车间等还应在门口设置低于地面 10cm 左右的洗脚池（踩脚池），内存含有有效氯 600mg/kg 的漂白粉消毒液，工人脚穿胶鞋，从池内踩过，用肘或臀部推开第 4 道纱门进入车间。

3. 卫生通过室内部设置的具体要求

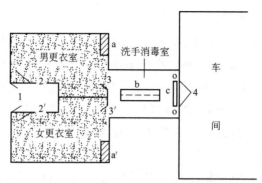

图 5-4　卫生通过室的内部布局

a，a′—男女便池；b—洗手槽；c—踩地槽；o—消毒盆

洗手设施应分别设置在车间进口处和车间内适当的地点。要配备冷热水混合器，其开关应采用非手动式，洗手设施还应包括干手设备（热风、消毒干毛巾、消毒纸巾等）。根据生产需要，有的车间、部门还应配备消毒手套，同时还应配备足够数量的指甲刀、指甲刷和洗涤剂、消毒液等。生产车间进口必要时还应设有工作靴、工作鞋、消毒池。

更衣室应设储衣柜或衣架、鞋箱（架），衣柜之间要保持一定距离，离地面 20cm 以上，如采用衣架应另设个人物品存放柜。还应备有穿衣镜，供工作人员自检用。

厕所设置应在车间外侧，并一律为水冲式的脚踏式抽水便池和备有肥皂的脚踏式流水洗手池（有条件可设置杠杆式、感应式或光电式继电器自动开关），且要有排臭装置，其出入口不得正对车间门，要避开通道；其排污管道应具有 U 形水封，防止下水道内臭气向上扩散，下水管直接通往室外的阴沟线，不准在车间地面下穿行。厕所也尽量考虑采用自然通风设施，避免间接采光，墙裙和地面建材也应采用瓷砖（磨光水泥）和磨石子。

五、食品仓库的卫生要求

食品仓库按库内所需温度可分为常温库、冷藏库和高温库，建筑设计除参照食品车间的卫生要求外，尚需注意以下几个方面。

① 要注意防潮。许多种食品易从空气中吸收水分，为保证库内干燥，建筑结构上的防潮十分重要。为使库内存放的干燥食品得到通风，堆放要有足够的间隙，要与墙、地保持一定距离，因此要求仓库适当宽敞且安装通风设备。

② 要保持低温和恒湿。从生产到销售各环节，最好保持一个冷链条件，对储存来说低温尤为必要。保持恒温则是库存的又一重要条件，因为温度的急剧变化，常常发生相对湿度的变化，例如低温食品骤然遇到暖风，表面极易凝结水滴或加大水分蒸发量而使质量发生变化。仓库应经常记录温湿度，并装置降温吸湿等调节温湿度的设备。

③ 仓库方向朝北为好，且要设置防光窗帘，因直射光线能加速食品的腐败变质。在北方冬季应加强防风措施，可设二重门、二层窗或加设防风门斗、热空气幕、外室等。

④ 应设单间或隔离室。因食品易吸附异臭而持久地保留于其中，因此不同种类的食品应分类存放，以做到食品与非食品，原料与半成品、成品，质量存在问题的食品与

正常食品，短期与较长时间存放的食品，散发特异气味的食品（海产品、香辛料）与易吸收气味的食品（面粉、饼干）分别存放或进隔离室。

⑤ 冷藏库应设置预冷间。大块食品要先行预冷，因为在冰点以下时大块食物中心不能及时冷却，在夏季易发生腐败变质。

⑥ 高温库多见于罐头食品工厂的保温库，成品罐头要通过 $37℃±2℃$ 的保温试验，在机械升温后为减少热量散失，与冷库一样，其建筑材料的隔热性能要好。库内也必须装置调节温湿度的设备。

六、食品工厂常用的卫生消毒方法

食品工厂的消毒工作是确保食品卫生质量的关键。食品工厂各车间的桌、台、架、盘、工具和生产环境应每班清洗，定期消毒。常用的消毒方法有物理消毒法和化学消毒法两类。

1. 物理消毒法

常用的物理消毒法有煮沸法、蒸汽法、流通蒸汽法、紫外线消毒法、臭氧消毒法等。

① 煮沸法。适用于小型的食品容器、用具、食具、奶瓶等。将被消毒物品置于锅内，加水加热煮沸，水温达到 $100℃$，持续 $5min$。

② 蒸汽法。适用于大中型食品容器、散装啤酒桶、各种槽车、食品加工管道、墙壁、地面等。蒸汽温度 $100℃$，持续 $5min$。

③ 流通蒸汽法。适用于饭店、食堂餐具消毒。用蒸笼或流通蒸汽灭菌器灭菌，蒸汽温度 $90℃$，持续 $15\sim20min$。

④ 紫外线消毒法。适用于加工、包装车间的空气消毒，也可用于物料、辅料和包装材料的消毒，但应考虑到紫外线的照射距离、穿透性、消毒效果以及对人体的影响等。此外，如果紫外线直接照射含脂肪丰富的食品，会使脂肪氧化产生醛或酮，形成安全隐患，因此在使用时要加以注意。

⑤ 臭氧消毒法。适用于空气杀菌、水处理等。但臭氧对人体有害，且会破坏食品的营养成分，故对空气杀菌时需要在生产停止时进行，对连续生产的场所不适用。

2. 化学消毒法

化学消毒法是使用各种化学药品、制剂进行消毒。各种化学物质对微生物的影响是不相同的，有的可促进微生物的生长繁殖，有的可阻碍微生物新陈代谢的某些环节而呈现抑菌作用，有的使菌体蛋白变性或凝固而呈现杀菌作用。化学消毒法是采用对消毒物品用消毒剂进行清洗或浸泡、喷洒、熏蒸，以达到杀灭病原体的目的。常用的化学消毒剂有漂白粉、烧碱、溶液石灰乳、消石灰粉、高锰酸钾、酒精、过氧乙酸等。

① 漂白粉。适用于无油垢的工具、器具、操作台、墙壁、地面、车辆、胶鞋等。使用浓度为 $0.2\%\sim0.5\%$。

② 烧碱溶液。适用于有油垢或浓糖玷污的工具、器具、机械、墙壁、地面、冷却池、运输车辆、食品原料库等。使用浓度为 $1\%\sim2\%$。

③ 石灰乳。适用于干燥的空旷地。使用浓度为 20%。

④ 消石灰粉。适用于潮湿的空旷地。

⑤ 高锰酸钾。适用于水果和蔬菜的消毒。使用浓度为 $0.1\%\sim0.2\%$。

⑥ 酒精。适用于手指、皮肤及小工具的消毒。使用浓度为 $70\%\sim75\%$。

⑦ 过氧乙酸。过氧乙酸是一种新型高效的消毒剂，适用于各种器具、物品和环境的消毒。使用浓度为 $0.04\%\sim0.2\%$。

第八节　环境保护

环境保护是采取法律的、行政的、经济的、科学技术的措施，合理地利用自然资源，防止环境污染和破坏。而环境污染就是指大气、水、土壤等环境要素的物理、化学或生物特征的一种不良变化，这种变化可能不利于人的生命或其他良好物种的生命以及工业的生产过程、生活条件和文化遗产，或将浪费、恶化人类的自然资源。常见的环境污染主要有大气污染、废水污染、固体废物污染、噪声污染等。

一、大气污染

食品工厂的废气具有种类繁多、组成复杂、污染物浓度高、污染面积大等特点，其典型的废气有含硫化合物、氟化物和氮氧化物，如 SO_2、H_2SO_3、H_2S、NO_2、NO 等。这些废气排向大气会影响大气环境的质量或造成大气污染，从而使人和动植物受到伤害。所以食品工厂要求锅炉烟囱高度和排放粉尘量应符合 GB 3841 的规定，烟道出口和引风机之间须设除尘装置。其他废气也应在达到国家标准后再排放，以防止污染环境。排烟除尘装置应设置在主导风向的下风向。季节性生产厂应设置在季节风向的下风向。

食品工厂可通过外力的作用将各种生产过程中产生的气溶胶态污染物分离出来；也可通过冷凝、吸附、吸收、燃烧、催化等方法来处理气态污染物。

二、废水污染

食品工厂需要用大量的水来对各种食物原料进行清洗、烫漂、消毒、冷却以及进行容器和设备的清洗。因此食品工厂排放的废水量是很大的。排放的废水含的主要污染物有：漂浮在废水中的固体物质，如茶叶、肉和骨的碎屑、动物或鱼的内脏、动物排泄物、畜毛、植物的废渣和皮等；悬浮在废水中的油脂、蛋白质、淀粉、血水、酒糟、胶体物等；溶解在废水中的糖、酸、盐类等；来自原料夹带的泥砂和动物粪便等；可能存在的致病菌等。总地来说，食品工业废水的特点主要是：有机物和悬浮物含量高，易腐败，一般无毒性。

食品工业污水主要来源于原料处理、洗涤、脱水、过滤、各种分离精制、脱酸、脱臭、蒸煮等食品加工生产过程。污水中含有大量的蛋白质、有机酸和碳水化合物。由于有很多浮游生物的存在，水中溶解性有机物增加很快，容易生成腐殖物，并伴有难闻气体；同时这些污水中铜、亚铅、锰、铬等金属离子含量较多，细菌、大肠菌群也常超过国家排放标准，所以食品工业废水必须经过处理后才能排放。处理后需达到 GB 8978—1996 污水综合排放标准。

食品工厂处理污水的技术按原理可分为物理法、化学法、物理化学法和生物处理法四大类。按处理程度分为一级处理、二级处理、三级处理。废水中的污染物质是多种多样的，往往不可能使用一种处理单元就能够把所有的污染物质去除干净，一般一种废水往往需要通过几个处理单元组成的处理系统处理后才能达到排放要求。

三、固体废物污染

食品工厂固体废物种类繁多，有可利用的副产物，如果蔬的皮、渣、核以及动物内脏、乳类副产物——干酪乳清和酪乳，也有对环境造成污染的有毒有害物质，其来源除由生产过程中产生之外，还有非生产性的固体废弃物，如原料及产品的包装垃圾、工厂的生活垃圾等。另外，在治理废水或废气过程中有的还会有新的废渣产生，所以废弃物产生和排放量较大。这些废弃物如不及时处理，到处堆积，不仅侵占大量土地，而且会污染土壤、水体、大气及环境卫生，造成大量的财力和人力浪费，影响人类生产和生活的正常进行。因此，废弃物的存放应远离生产车间，且不得位于车间上风向。存放设施应密闭或带盖，要便于清洗和消毒。存放的废弃物要及时处理或再利用。

国家颁布的有关标准对固体废物的处理作了规定：工业企业的固体废物，应积极采取综合利用措施，凡已有综合利用经验的，必须纳入工艺设计；固体废物堆放或填坑时，要尽量少占农田，不占良田，应防止扬散、流失、淤塞河流等，以免污染大气、水源和土壤；对毒性大的可溶性工业固体废物，必须专设具有防水、防渗措施的存放场所，并禁止埋入地下或排入地面水体；在地方城建、卫生部门规定的防护区内，不得设置废渣堆放场所。

在经济条件许可时，可将食品工厂的大部分废物加工或转换成更有价值的物质，实现食品加工原料的综合利用。如果蔬的皮、渣、核经现代加工技术可提取大量活性物质；经挤压进一步除去水分后，可转换成堆肥来改善土壤或用作动物饲料。罐头厂下脚料经粉碎、熬制和干燥后可用作动物饲料。喷雾或滚筒干燥的血粉是一种重要的饲料组分。鱼在加工时挤出的液体（鱼"胶"体）经浓缩，可以再脱盐和干燥生成优质蛋白供人类食用。家禽羽毛可以先经过收集和清洗，然后再进一步加工成枕头填料等，还可通过酸处理制成表面活性剂。动物皮、毛能生产可食用动物胶、皮革制品及生物制品。玉米芯、坚果壳、咖啡渣以及污染的油脂在食品工厂中通常被作为燃料用来产生蒸汽；利用豆腐黄浆水生产单细胞蛋白、酵母粉、维生素 B_{12}；大豆油脂厂的豆饼用于生产蛋白粉、干酪素；动物骨头可生产骨粉、骨油、饲料、食用油脂、明胶和肥皂；蛋清经吸附、盐析、干燥等工序制成溶菌酶等。

四、噪声污染

噪声污染是指噪声强度超过人的生活和生产活动所容许的环境状况，对人们健康或生产产生危害。食品厂常见的噪声来源有风机噪声、空压机噪声、电机噪声、泵噪声以及其他噪声（如粉碎机、柴油机、制冷设备、制罐设备、机械加工设备、运输车辆等产生的噪声）。噪声强度为 $50\sim60dB$ 时人就会觉得比较吵闹；$80\sim90dB$ 时，相距 $0.15m$ 要大声喊话才能对话；当超过 $90dB$ 时就会损伤听觉，造成职业性耳聋，使人心情烦躁、反应迟钝，造成工作效率降低，也会分散注意力，造成安全事故，还会影响健康，引起神经衰弱、消化不良、高血压、心脏病等疾病。因此，我国颁布了《环境噪声污染防治法》和《工业企业厂界噪声标准》，对食品企业生产车间或作业场所的噪声标准作了规定。

噪声污染的发生必须有三个要素，即噪声源、传播途径和接受者。所以控制噪声的原理也应该从这三个要素组成的声学系统出发，既要单个研究每一个要素，又要做系统综合考虑；既要满足降低噪声的要求，又要注意技术经济指标的合理性。原则上讲，优先的次序是噪声源控制、传播途径控制和接受者保护。控制环境噪声还应采取行政管理措施和合理的规划措施。

噪声控制的一般程序是：首先进行现场调查，测量现场的噪声级和频谱；然后按有关标准和现场实测的数据确定所需降噪量；最后制定技术上可行、经济上合理的控制方案。

五、绿化工程

工厂绿化是建设现代化工厂的重要组成部分。要搞好工厂绿化，必须根据工厂的建筑布局和土地利用情况做出规划，采用点、线、面相结合的方法构成一个完整的绿化系统。

根据生产性质，可选择具有抗烟尘、防风、防火、抗毒等不同树种。抗烟尘、抗毒的有合欢、梧桐、月桂、冬青等。防风的有枫杨、刺槐、马尾松等。防火的有珊瑚树、榕树等。

布置绿化时，除应满足植物与植物间因其生长所需的距离外，还应满足植物与建筑物之间的间距，使其不妨碍生长、采光、通风、交通运输、地面与地下线铺设以及生产、设备等安装和检修的水平距离和垂直净空距离。

植物种在道路交叉口时，应考虑不妨碍司机的视距，保证行车安全，并且要不妨碍路灯的照明。交叉口非种植区的最小距离要根据行车类型、车速等因素确定。通行机动车与非机动车的交叉路口，非种植区的最小距离为10m；通行机动车，车速≤40km/h的交叉路口，非种植区的最小距离为30m；厂区内道路车速≤25km/h的交叉路口，非种植区的最小距离为14m。生长在道路两旁的灌木丛要保持适当的高度，不要在交叉路形成盲区，不要妨碍行车安全。植物与厂内建筑物、构筑物的距离，要根据使用的功能、安全等要求确定。植物与厂内架空电线间距要从线路安全使用来考虑。电压不同，间距也不同。电压为1~6kV的架空线，与乔木的侧面和上面的间距都应为1.5m以上，电压为10kV，则应为2m以上。另外，还可在厂前集散广场、人流较多的食堂附近种植一些既起功能作用又具有经济价值且有观赏价值的树木。

【思考题】

1. 食品工厂辅助部门主要由哪几个部分组成？其主要作用有哪些？
2. 举例说明食品工厂对土建的要求？
3. 在设计不同种类的产品原料接收站时应遵循的原则和注意事项有哪些？举几种代表性的产品加以说明。
4. 食品工厂仓库位置的特点有哪些？其容量如何确定？对土建有何要求？

5. 食品工厂的化验室及中心实验室的任务分别是什么？分别由哪几个部分组成？其主要设备有哪些？

6. 食品工厂的管理系统由哪几个部分组成？有何要求？

7. 食品工厂运输设备有哪些？其选型原则如何？

8. 食品卫生对设计有哪些要求？

9. 简述食品工厂常用的消毒方法。它们分别适用于哪些范围？

10. 简述食品工厂废水的来源、危害、特点及处理方法。

11. 食品工厂的废渣有何特点？如何进行综合利用？

12. 食品工厂中气态污染物的处理方法有哪些？

13. 简述噪声控制的方法。

第六章　公用系统设计

公用系统，主要是指与食品工厂的各个车间、工段以及各部门有着密切关系，且为这些部门所共有的一类动力辅助设施的总称。对食品工厂而言，这类公用设施一般包括供水及排水系统、供电系统、供汽系统、制冷系统、供暖及通风系统等。在食品工厂设计中，这些系统需要分别由专业工种的设计人员承担。当然，不一定每个整体项目设计都包括上述系统，还需要根据工厂规模、食品工厂生产的产品类型以及本单位经济状况而确定。对任何食品厂而言，都必须包括供水及排水、供电、供汽三项共用系统。小型食品厂一般不设投资和经常性费用高的制冷系统。对于供暖及通风系统则根据当地的气象情况而定。

第一节　供水及排水系统

食品工厂用水的地方大致可分为以下几方面：食品成品中的水分；食品生产工艺过程中用水，如原料清洗和调制、蒸煮加热、冷却等用水；设备运行用水，如水环式真空泵、均质泵、水冷式冷凝器等设备用水；暖气、空调及生产蒸汽等用水；环境清扫美化、设备及用具的清洗等卫生用水；职工生活用水；消防用水。食品工厂给水系统的任务在于经济合理、安全可靠地供应上述用水，满足工艺、设备对水量、水质及水压的要求。

上述用水中，除食品成分中的水分外都将在人们生产和生活使用过程中受到污染，成为废水和污水。食品工厂排水工程的任务就是收集和处理上述废水和污水，使其符合国家的水质排放标准，并及时排除。同时还要有组织地及时排除雨水及冰雪融化水，以保证工厂生产的正常进行。

一、前期准备

1. 工厂供水及排水设计内容

工厂给排水设计包括供水工程和排水工程。供水工程系指水源、水源取水、水质净化、净水输送及给水管网等工程；排水工程系指污水排除、污水处理及污水排放等工程。

2. 设计所需的基础资料

供水及排水工程设计需要收集如下资料。

① 各用水部门（车间）对水量、水质、水温、用水时间等方面的要求。

② 各部门（车间）最大、最小和平均给水量及其负荷变化规律，包括新鲜水、二次给水和循环水。

③ 各部门（车间）最大、最小和平均排水量、排水性质与负荷变化规律。

④ 建厂所在地的气象、水文、地质资料及原水质分析报告。

⑤ 厂区周围原有市政自来水管网、排水管网现状及有关供水排水协议。

⑥ 当地公安消防和废水排放的有关规定。

⑦ 近期、远期规划及特殊要求，如给水压力、污水排放标准等。

3. 设计注意事项

① 自备水源时，水质应符合卫生部规定的生活饮用水卫生标准及本厂的特定要求。

② 消防、生产、生活给水管网尽可能使用同一管路系统。

③ 排放的生活、生产废水应进行处理，达到国家规定的排放标准。

④ 冷却水应循环使用，以节约用水和能源。

⑤ 凡用于增压（如消防、冷却循环等）的水泵应尽可能集中布置，以利于统一管理及使用。

⑥ 主厂房或车间的给排水管网设计应满足生产工艺和生活安排的需要。

二、供水系统

1. 食品工厂对水质的要求及用水量的计算

（1）对水质的要求 食品工厂水的用途一般可分为：一般生产用水、生活用水、特殊生产用水、冷却用水和消防用水等。不同的用途有着不同的水质要求。

一般生产用水和生活用水的水质要求要符合生活饮用水水质标准（GB 5749—2006）。

特殊生产用水是指直接进入产品构成产品组分用水和锅炉用水等，这些用水对水质有特殊要求。必须在符合生活饮用水水质标准的基础上给予进一步处理，以满足对它们的特殊要求。现将各类用水水质标准的某些项目列于表 6-1 中。

表 6-1 各类用水水质标准

项 目	生活饮用水	清水类罐头用水	饮料用水	锅炉用水
pH	6.5～8.5			＞7
总硬度（以 $CaCO_3$ 计）	＜250	＜100	＜50	＜0.1
总碱度/mg·L^{-1}			＜50	
铁/mg·L^{-1}	＜0.3	＜0.1	＜0.1	
酚类/mg·L^{-1}	＜0.05	无	无	
氯化物/mg·L^{-1}	＜250		＜80	
余氯/mg·L^{-1}	0.5	无		

冷却水（如制冷系统的冷却水）和消防用水，其水质要求可低于生活饮用水标准。但由于冷却水要循环使用，且用量不大，为便于管理和节约投资，大多数食品工厂冷却和消防用水采用一般生产用水。

（2）用水量计算　供水主要为生产用水、生活用水和消防用水。

① 生产用水量。生产用水包括生产工艺用水、锅炉用水和循环冷却用水。

a. 生产工艺用水量的估算参见第三章第六节。

b. 锅炉用水量可按下式进行估算：

$$A = K_1 K_2 Q \tag{6-1}$$

式中　A——锅炉房最大小时用水量，t/h；

　　K_1——蒸发量系数，一般取 1.15；

　　K_2——锅炉房其他用水系数，一般取 1.25～1.35；

　　Q——锅炉蒸发量，t/h。

c. 循环冷却用水可按下式进行估算：

$$A' = \eta \frac{Q_1}{1000(t_2 - t_1)} \tag{6-2}$$

式中　A'——循环冷却用水量，t/h；

　　η——使用系数，一般取 1.1～1.5；

　　Q_1——冷凝器负荷，kJ/h；

　　t_2——冷凝器出水温度（即冷却塔进水温度），℃；

　　t_1——冷凝器进水温度（即冷却塔出水温度），℃。

一般情况下，$t_2 \leqslant 36$℃，$t_1 \leqslant 32$℃，随地区与季节而异。实际循环冷却用水量还需考虑循环系统蒸发、风吹、渗漏以及排污等损失，一般补充水量可按循环量的 5% 计。

② 生活用水量。生活用水包括厂区生活用水、淋浴和公共建筑（如食堂、汽车库）用水等。生活用水量的多少与当地气候、人们的生活习惯以及卫生设备的完备程度有关，可根据当地类似企业或居民的生活用水量来确定，也可按下列公式进行估算：

$$A = \frac{KNQ}{1000T} \tag{6-3}$$

式中　A——最大小时生活用水量，t/h；

　　K——小时变化系数；

　　Q——用水量系数；

　　N——使用人数；

　　T——使用时间，h。

各种生活用水计算参数可参照表 6-2。

③ 消防用水量。食品工厂的室外消防用水量按 10～75L/s，室内消防用水量以 22.5L/s 计。由于食品工厂生产用水量一般都较大，在计算全厂总用水量时，可不计消

防用水量，在发生火警时，可调整生产和生活用水加以解决。

表 6-2　各种生活用水计算参数

生活用水名称	单位	用水量系数(Q)	小时变化系数(K)	使用时间
家属宿舍	每人每日	$50\sim300$	$2\sim3$	16h/d
集体宿舍	每人每日	$110\sim150$	$2\sim3$	16h/d
办公室	每人每班	$10\sim25$	$2\sim2.5$	8h/班
幼儿园、托儿所	每人每日	$25\sim50$	$2\sim2.5$	8h/d
小学、厂校	每人每日	$10\sim30$	$2\sim2.5$	8h/d
食堂	每人每餐	$10\sim25$	$2\sim2.5$	4h/餐
浴室	每人每次	$40\sim60$		1h/次
车间职工	每人每班	$25\sim30$	$2\sim3$	8h/班
医务室	每人每次	$15\sim25$	$2\sim2.5$	

2. 水源的选择

食品工厂所用的水大部分是和食品原料以及成品接触的，所以对水的卫生要求较高。在食品工厂水源的选择方面，应根据当地水资源的具体情况进行全面的技术和经济分析，以保证获得既经济又合理，水质符合要求，水量又能确保供应的水源。在有城市自来水的地方，要优先考虑以城市自来水作为水源，并根据具体情况，考虑是否以地下水（潜水、承压水、泉水等）或地表水（江、河、湖、水库等）作为辅助水源，辅助水源常用于不接触食品的用水部门。在没有城市自来水的地方，食品工厂要有自己的供水系统和净化系统，其水源主要是地表水和地下水。

3. 供水系统

供水系统要从工厂生产和方便职工生活出发，力求先进、可行和经济合理。供水系统一般由取水构筑物、净水构筑物、调节构筑物和输配水管网等组成。供水途径一般有自来水供水系统、地下水供水系统和地表水供水系统三种。

（1）自来水供水系统　如图 6-1 所示。

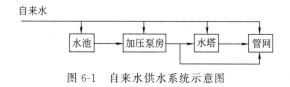

图 6-1　自来水供水系统示意图

（2）地下水供水系统　如图 6-2 所示。

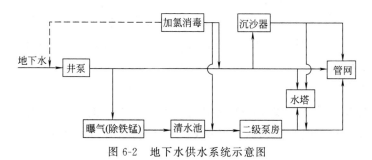

图 6-2　地下水供水系统示意图

（3）地表水供水系统　如图6-3所示。

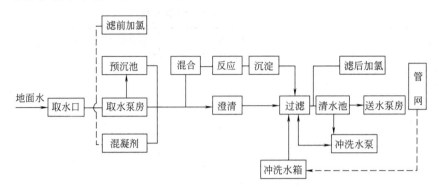

图 6-3　地表水供水系统示意图

4. 供水管网的布置

供水管网由输水管和配水管网组成，它分布于整个供水区域。它的作用是将水从净化水厂输送到用水地点，并保证供给足够的水量和水压。

管网布置形式基本上可分为枝状管网和环状管网两类。枝状管网就是配水管网的布置呈树枝状向供水区域延伸，管径随所供给用户的减少而逐渐变小。这种管网具有管线短、构造简单、投资少、施工快等优点，但供水的可靠性较差，如干管有一处损坏，则后面的全部管道中断供水，同时支管的终端容易造成"死水"而使水质恶化。小型食品厂的供水管网一般采用枝状管网。

干管和支管均呈环状布置形式的管网称为环状管网，它具有供水安全可靠、能连续供水、无死端水、不易变质等优点，但管线总长度大于枝状管网，造价较高。它适用于连续供水要求较高的大中型食品厂。

管网上的水压必须保证每个车间或建筑物的最高层用水的自由水头不小于6～8m，对于水压有特殊要求的工程或设备，可采用局部增压措施。

5. 冷却水循环系统

食品工厂制冷、空调降温、真空蒸发工段等都需要冷却水，为减少供水消耗，常设置冷却水循环系统。降低水温的冷却构筑有冷却池、喷水池、自然通风冷却塔和机械通风冷却塔等。被广泛使用的是机械通风冷却塔，这种冷却塔具有体积小、质量轻、安装使用方便、冷却效果好以及省水（只需补充循环水量5%～10%的新鲜水）等优点。

三、排水系统

水经过生产和生活使用后会受到不同程度的污染，从而成为污水、废水。这些污水、废水如不加以控制和管理，将会造成公害，污染环境，破坏生态平衡。排水系统就是收集、输送、处理和利用污水、废水，并将处理后的污水、废水排入水体（或再利用）的一整套工程设施。

1. 排水量计算

食品工厂的排水量普遍较大，排水中包括生产废水、生活污水和雨水。生产废水和生活污水根据国家环境保护法，需要经过处理达到排放标准后才能排放，排放量可按生产生活最大供水量的 85%～90% 计算。

雨水量的计算按下式进行：

$$q = q'\varphi A \tag{6-4}$$

式中　q——雨水量，L/s；

q'——暴雨强度，L/(s·m²)（可查阅当地有关气象水文资料）；

φ——径流系数（食品厂一般取 0.5～0.6）；

A——厂区面积，m²。

2. 有关排水设计的要点

① 生产车间室内排水采用明沟，明沟宽 200～300mm，深 150～400mm，坡度 1%～2%，明沟终点设排水地漏，用铸铁排水管或焊接钢管排到室外。

② 在进入明沟排水管道之前应设置格栅，以截留固形物，防止管道堵塞。垂直排水管的口径应比计算选大 1～2 号，以保持排水通畅。

③ 生产车间的对外排水口应加设防鼠装置，宜采用水封窨井，而不用存水弯，以防堵塞。

④ 生产车间内的卫生消毒池、地坑及电梯坑等，均需考虑排水装置。

⑤ 车间的对外排水尽可能浊清分流，其中对含油脂或固体残渣较多的废水，需在车间外经沉淀池撇油去渣后，再接入厂区下水管。

⑥ 食品工厂室外污水排放不得采用明沟，而必须采用埋地暗管，若不能自流出厂外，需采用排水泵站进行排放。

⑦ 厂区下水管一般采用混凝土管，其管顶埋设深度一般不宜小于 0.7m。

⑧ 由于食品工厂废水中含有固体残渣较多，为防止淤塞，设计管道流速应大于 0.8m/s，最小管径不宜小于 150mm，同时每隔一段距离应设置窨井，以便定期排除固体污物。

四、消防系统

食品工厂的消防用水一般与生产、生活供水管合并，采用合流供水系统。室外消防供水管网应为环形，水量按 15L/s 考虑。

当采用高压供水系统消防时，管道内压力应保证消防用水量达到最大，且水枪布置在任何位置的最高处时水枪充实水柱仍不小于 10m。当采用低压供水系统消防时，管道内压力应保证在灭火时不小于 10m 水柱。室内消火栓的配置应保证两股水柱水量不小于 2.5L/s，保证同时到达室内任何部位，充实水柱长度不小于 7m。

第二节　供电系统

食品工厂供电系统设计的任务是切实保证工厂生产和生活用电的需要，做到安全可靠、运行方便、经济节约。

一、前期准备

1. 设计内容及程序

食品工厂整体项目的供电工程设计包括：全厂的变配电系统，厂区的外线供电系统，车间内设备配电系统，厂区及室内照明，电气设备的防护修理等。

2. 设计程序

① 原始资料的收集。了解用电设备名称、规格、容量和用电要求；供电范围内的环境条件及建筑设计情况；可能提供的电源、供电方式及有关技术资料等。

② 全厂生产和生活所需电力负荷的分析计算。

③ 根据负荷及电源条件，选定合理的供电电源方案，确定变配电所所在位置、数量和输配电线路走向，拟定全厂的供电系统图并进行总体平面布置。

④ 进行输配电线路和变配电所等各项工程设计，包括变电所和配电所的设计、厂区配电线路设计、车间配电线路设计等。

⑤ 选择电气设备，汇总设备材料清单。

⑥ 绘制工程图纸，编制工程概（预）算及设计说明书。

3. 设计注意事项

① 有些食品工厂如饮料厂、罐头厂、乳品厂等生产的季节性强，用电负荷变化大，因此，大中型厂宜设置两台变压器供电；而一般中小型食品厂采用一台变压器供电即可。

② 食品工厂的机械化水平不断提高，用电设备会逐年增加，所以变配电设备的容量和面积应留有一定的发展余地。

③ 食品工厂用电性质一般属三类负荷，可采用单电源供电。对于由于停电可能导致原料变质报废的工厂，可采用双电源供电。

④ 食品生产车间水气多、湿度高，所以供电管线及电器应考虑防潮。

二、负荷计算

1. 全厂用电负荷计算

负荷计算的目的在于确定全厂的用电负荷，以便正确地选择供电系统中的各个元件（包括变压器、开关设备及导线、电缆等）。供电负荷是根据用电设备的容量对有关的电力负荷进行统计计算，一般采用需要系数法。具体计算公式如下：

$$P_j = K_x P_e \tag{6-5}$$

式中　P_j——最大计算有功负荷，kW；

　　　K_x——用电设备的需要系数；

　　　P_e——用电设备的装接容量之和，kW。

$$Q_j = P_j \mathrm{tg}\varphi \tag{6-6}$$

式中　Q_j——最大计算无功负荷，kW；

　　　$\mathrm{tg}\varphi$——用电负荷功率因数的正切值。

$$S_j = P_j / \cos\varphi = \sqrt{P_j^2 + Q_j^2} \tag{6-7}$$

式中　S_j——最大计算视在负荷，kW；

$\cos\varphi$——用电负荷的平均自然功率因数。

根据装接设备容量的需要系数，可粗略算出全厂用电负荷。常见食品工厂的用电技术数据见表 6-3。

表 6-3 食品工厂用电技术数据

车间或部门		需要系数(K_x)	$\cos\varphi$	$\mathrm{tg}\varphi$
乳制品车间		0.6～0.65	0.75～0.8	0.75
实罐车间		0.5～0.6	0.7	1.0
番茄酱车间		0.65	0.8	0.75
空罐车间	一般	0.3～0.4	0.5	1.73
	自动线	0.4～0.5		
	电热	0.9	0.95～1.0	0.33
冷冻机房		0.5～0.6	0.75～0.8	0.75～0.88
冷库		0.4	0.7	1.0
锅炉房		0.65	0.8	0.75
照明		0.8	0.6	1.33

2. 变压器容量的选择

变压器的容量可根据全厂或其供电范围内的总计算负荷选择，一般留有 20％左右的富余量。计算公式如下：

$$S_e \approx 1.2 S_{j\Sigma} \tag{6-8}$$

式中 S_e——变压器额定容量，kV·A；

$S_{j\Sigma}$——全厂总视在负荷，kV·A。

3. 无功功率的补偿

按规定，低压用户的功率因数应不低于 0.85，高压用户的功率因数应不低于 0.9。达不到规定时，多采用低压静电电容器装于配电间集中补偿。用电较大时，也可采用高低压综合补偿，高低压分别补偿到 0.9 和 0.85。补偿所需容量按下式计算：

$$Q_c = P_j (\mathrm{tg}\varphi_1 - \mathrm{tg}\varphi_2) \tag{6-9}$$

式中 Q_c——补偿所需容量，kV·A；

$\mathrm{tg}\varphi_1$，$\mathrm{tg}\varphi_2$——补偿前、后功率因数的正切值。

三、供电系统具体要求

当一个电源可以满足生产要求时，动力与照明可共用。供电电压低压采用 380/220V 三相四线制，高压一般采用 10kV。供电系统要与当地供电部门协商确定，要符合国家有关规定。做到安全可靠，运行方便，经济节约。

变压器容量在 180kV·A 以下或装接容量在 250kW 以下者，可以 380/220V 低压供电，超过此容量者采用高压供电。变压器容量为 320kV·A 以下，为高压供电低压量电，超过 320kV·A 者，须高压供电高压量电，特殊情况具体协商。

当采用 2 台变压器供电时，在低压侧应有联络线。

四、变配电设施、供电设备及对土建的要求

由于机械化生产水平不断提高，用电量逐年增加，变配电设施的土建部分应留有适当发展余地。为此，变压器室的面积可按变压器放大 1～2 级考虑；高压、低压配电间应留有备用柜以及屏的位置。

变配电设施位置的确定要全面考虑，统筹安排，尽量靠近负荷中心，进出线要符合防火安全要求，便于设备运输，尽量避开多尘、高温、潮湿和有爆炸及火灾危险的场所。变压器一般安装在室内为宜，电修间可与变配电设施一并安排。

变配电设施的布置应紧凑合理，便于操作、搬运、检修；尽量采用自然采光和自然通风，配电室位置要便于进出线，低压配电室应靠近变压器室。在变配电设施对土建的要求方面，变压器室比高、低配电间的耐火等级、地坪、门窗等方面都有较高特殊要求。

常用供电设备主要有配电变压器、高压开关柜、低压配电屏、静电电容器柜等。

五、厂区外线架设

厂区外线一般采用低压架空线路，也有采用低压电缆线路的。架空线路具有成本低、运行灵活、易于维护的优点，而电力电缆则具有运行可靠、供电安全、维护工作量小的好处。线路的布置应保证路程最短，不迂回供电，对道路和建筑物的交叉最小。架空导线一般采用 LJ 型铝绞线，建筑物密集的厂区布线应采用绝缘线。电杆一般采用水泥杆，埋杆深度一般为 1/6 杆长，电杆距路边 0.5～1.0m，杆距 30m 左右，每杆上装路灯 1 盏。

六、车间配电

食品生产车间多数环境潮湿，温度较高，有的还有酸、碱、盐等腐蚀介质，电气设备和器材应按湿热带条件选择。车间总配电装置最好设在一单独的小间内，分配电装置和启动控制设备要能防水气、防腐蚀，并尽可能集中于车间的某一场所。配电装置的保护应互相配合。车间内的启动、控制设备按情况可集中控制或分散控制。当工艺设备许可时优先选用直接启动方式。配电系统随生产工艺的改变要有灵活变动的可能性，机械化生产线宜设专用自动控制箱。

七、电气照明

食品工厂的电气照明应符合适用、安全、经济和保护视力的要求，并注意美观。

车间和其他建筑物的照明电源必须与动力线分开，并留有备用回路，主要生产车间宜设值班照明。生产车间照明普遍采用荧光灯，当车间的空间净高超过 6m 时，可采用高压汞灯或碘钨灯，车间内需装灭虫灯。路灯一般采用 80～125W 的高压汞灯或 110W 高压钠灯，且宜集中在传达室控制。潮湿场所应有防湿措施。大面积车间照明灯控制开关宜分批集中布置。

食品工厂各类车间的最低照明度均有一定要求，一般主要生产车间采用荧光灯照明，要求一般工段高于 100lx，精细工段高于 150lx，库房、锅炉房、办公室等场所要求高于 50lx，冷库要用防潮灯，最低照度 10lx。

八、建筑防雷和电气安全

根据发生雷击事故的可能性和后果，可将工业建筑物防雷等级分为三类。食品工厂的烟囱、水塔、高层厂房等均需防雷，防雷等级多属于第三类，这类建筑物是否需要安装防雷装置可参考表 6-4。

表 6-4 建筑防雷参考高度

分 区	年雷电日数/d	建筑物需考虑防雷的高度/m
轻雷区	少于 30	高于 24
中雷区	30～75	平原高于 20，山区高于 15
强雷区	75 以上	平原高于 16，山区高于 12

第三类建筑物的防雷设施，一般在建筑物易受雷击的部位（烟囱、水塔）装设避雷带或避雷针。当采用避雷带时，屋顶上任何一点距避雷带不应大于 10m。屋顶上装设多支避雷针时，两针间距离不宜大于 30m，而且小于避雷针的有效高度 15 倍。其冲击接地电阻不宜大于 30Ω，并应与电气设备接地装置及埋地金属管道相连。

建筑物宜利用钢筋混凝土屋面板、梁、柱和基础的钢筋作防雷装置，也可分别利用屋面板作接闪器，柱作引下线，基础作接地装置。

第三节 供汽系统

蒸汽是食品工厂动力供应的重要组成部分。食品工厂的用汽部门主要是生产车间，包括原料处理、配料、热加工、发酵、灭菌等。另外还有辅助生产车间如浴室、洗衣房、食堂等。

产品在生成过程中对蒸汽品质的要求是低压饱和蒸汽，蒸汽压力除了以蒸汽作为热源的热风干燥、真空熬糖、高温油炸等要求 0.8～1.0MPa 外，其他用汽压力大多在 0.7MPa 以下，因此使用时需经过减压装置，以确保用汽安全。

由于食品工厂生产的季节性较强，用汽负荷波动较大，为适应这种情况，食品工厂的锅炉台数不宜少于 2 台，并尽可能采用相同型号的锅炉。

一、锅炉容量选择

一般情况下，如有条件，应根据生产、采暖、通风、生活等用汽量绘制全部供热范围内的热负荷曲线，求得锅炉额定容量。但实际上由于这种热负荷曲线往往不易求得，常常根据各项原始热负荷资料，考虑同时使用系数、锅炉房自用蒸汽和管网热损失系数后得出，计算公式为：

$$Q = 1.15(0.8Q_c + Q_s + Q_z + Q_g) \tag{6-10}$$

式中 Q——锅炉额定容量，t/h；

Q_c——全厂生产用最大蒸汽耗量，t/h；

Q_s——全厂生活用最大蒸汽耗量，t/h；

Q_z——锅炉房自用蒸汽量，t/h（一般取 5%～8%）；

Q_g——管网热损失，t/h（一般取 5%～10%）。

如有可利用的余热，则应在总热负荷中扣除。上述公式中的生产用汽是各种生产设备的耗热量之和；生活用汽是指浴室、开水房、食堂等方面耗热量之和。由于用汽设备不一定同时开动，而且使用中各设备的最大用汽负荷也不一定同时出现，因此需要考虑同时使用系数，使计算热负荷符合实际情况。

锅炉房内部和蒸汽输送过程中还会消耗一部分蒸汽，如气泵、吹灰、加热给水或燃料用汽、管道散热和漏损等。这些耗热量有条件计算决定的，可以计算得出，作为热负荷的一个项目。对于难以计算得出的热耗量，通常以占总用汽量比值的经验系数表示。

二、锅炉房设计要求

1. 锅炉型号和台数的选择

食品工厂所选用的锅炉容量必须满足计算负荷的要求，也就是选用锅炉的额定容量之和不小于锅炉房计算热负荷，以保证用汽需要，但也不应选用锅炉的总容量超过计算负荷太多，以免造成浪费。可根据工厂发展规划适当留有余地。锅炉的容量还应该适应锅炉房负荷变化的需要，特别是某些季节性锅炉房，避免锅炉长期在很低的负荷下运行。

锅炉的台数按所有运行锅炉在额定蒸发量工作时，能满足需要蒸汽最大负荷的原则选定，同时也要考虑对负荷变化的适应性、备用性和运行的经济性以及检修和扩建的可能性。一般情况下，锅炉的台数不少于 2 台，且以选用同容量、同型号的锅炉为宜。锅炉总台数一般不超过 5 台，以利于管理和合理使用建筑面积。

是否设置备用锅炉应按下列原则考虑。若热负荷可以调度，能保证锅炉检修，可以不设备用锅炉。若减少供汽会造成重大损失或影响，应考虑设置备用锅炉。

食品工厂应特别避免采用沸腾炉和煤粉炉，因为这两种型式的锅炉容易造成煤屑和尘土的大量飞扬，影响卫生。食品工厂的锅炉燃烧方式应优先考虑链条炉排式。

2. 锅炉房在厂区的位置

烧煤锅炉烟囱排出的气体中含有大量的灰尘和煤屑。这些尘屑排入大气后，由于速度减慢而散落下来，造成环境污染。同时，煤堆场也容易给环境带来污染。所以从工厂卫生的角度考虑，锅炉房在厂区的位置应选在对生产车间影响最小的地方，具体要满足以下要求。

① 力求靠近负荷大和热负荷集中的地区，以缩短供热干线，降低热损失，保证安全和经济地供汽。

② 应便于燃料的贮运和灰渣的排除。

③ 应符合工业企业设计卫生标准的要求，避免和减少烟尘、有害气体对周围环境的影响。应设在全年主导风向的下风方向。

④ 锅炉房应位于供热地区标高较低的位置，以便于回收凝结水；但锅炉房的地面标高应至少高出洪水位 500mm 以上。

⑤ 锅炉房朝向应考虑有较好的自然通风和采光条件。

⑥ 应便于排水和供电，且有较好的地质条件。

⑦ 应考虑将来发展规划，留有扩建余地。

3. 锅炉房的布置及对土建的要求

① 锅炉房大多数为独立建筑物，不宜与生产厂房或宿舍连接在一起。且锅炉房不宜布置在厂前区或主要干道旁。

② 锅炉房的锅炉间、水泵间、水处理间、化验室等均宜建在同一建筑物内。

③ 烟囱、烟道的布置应力求使每台锅炉的抽力均匀，并且阻力最小，一般应采用地上烟道。

④ 锅炉最高操作点到锅炉房顶部最低结构的距离不应小于 2m。

⑤ 锅炉房的层数应根据锅炉的容量和结构形式确定。能单层布置的应尽量单层布置，一般 6t/h 以下蒸汽锅炉和与其相当的热水锅炉都是单层布置。若采用楼层时，操作层楼面标高不宜低于 4m，以便出渣和进行附属设备的操作。

三、锅炉的给水处理

锅炉属于特殊压力容器。水在锅炉中受热蒸发成蒸汽，水中的矿物质则留在锅炉中形成水垢。当水垢严重时，不仅影响到锅炉的热效率，而且将严重影响到锅炉的运行安全。因此锅炉供水的水质应符合表 6-5 的要求。

表 6-5　锅炉供水水质要求

	锅炉类型	锅壳锅炉		自然循环水锅炉及有水冷壁的火管炉			
项目	蒸汽压力/MPa	≤1.3		≤1.3		1.4～2.5	
	平均蒸发率/kg·m^{-2}·h^{-1}	<30	>30				
	是否有过滤器			无	有	无	有
供水	总硬度/mmol	<0.5	<0.35	0.1	<0.035	0.035	<0.035
	含氧量/mg·L^{-1}			0.1	<0.05	0.05	<0.05
	含油量/mg·L^{-1}	<5	<5	<5	<2	<2	<2
	pH	>7	>7	>7	>7	>7	>7

当水质不符合上述指标时，要对水进行处理，处理的方法有多种，并且所用方法应保证锅炉产生的蒸汽对生产和生活无有害影响。一般蒸汽锅炉的供水采用炉外化学处理法，炉外化学处理法中以离子交换软化法用得最为广泛。

四、烟囱及烟道除尘

锅炉烟囱的通风就是提供炉膛燃料燃烧所需的空气，同时将燃烧后的烟气及时排出炉外。通风的方式可以采用自然通风或机械通风。自然通风就是利用烟囱的抽吸力将烟气排出，一般仅适用于小型锅炉；机械通风就是利用机械方式进行通风，如用鼓风机将空气送入燃烧室或用引风机将烟气排出。

烟囱的口径和高度应满足锅炉的通风，即烟囱的抽力应大于锅炉及烟道的总阻力。其次，烟囱的高度还应满足大气环境保护及卫生的要求。烟囱材料一般选用砖砌，但如高度超过 50m 或震级在 7 级以上的地震区，最好采用钢筋混凝土烟囱。

燃料燃烧产生的烟尘及有害气体 SO_2 等不但给锅炉机组受热面及引风机造成磨损，

而且增加大气环境污染。一般通过改进炉子设计和燃烧装置来消除，另外可采用在锅炉尾部装备除尘器的方法，使得排出烟气中的含尘量符合排放标准。

五、煤和灰渣的贮运

煤场的存煤量可按 25～30d 的煤耗量考虑，粗略估算每 1t 煤可产 6t 蒸汽，煤场一般为露天煤场，也可建一部分干煤棚。

煤场的转运设备可根据锅炉房的规模选用人工翻斗手推车、铲车、皮带输送机将运输工具上的煤卸至贮煤场以及将煤送至锅炉房的上煤系统。

锅炉在 2 台以下时用人工手推车将灰渣运至渣场，多台锅炉时可用框链出渣机、刮板出渣机、耐热胶带输送机将灰渣运至渣场。

第四节　制冷系统

制冷是通过利用外界能量使热量从温度较低的物质（或环境）转移到温度较高的物质（或环境）的技术。制冷系统就是用管路将制冷设备、控制器件等连接起来，构成一个完整的制冷装置，形成一个封闭系统。

食品工厂的用冷部门大致有如下几个方面：为延长生产期，保持原辅料及成品新鲜的果蔬高温冷藏库；肉禽鱼类的低温冷藏库；加工过程中的冷却、冷冻、速冻工艺；车间空气调节或降温需要的冷量等。

一、冷库库容量计算

食品工厂各类冷库不同于商业冷库，均属生产性冷库，其容量须按生产周转、原料供应、运输条件等情况而定。一般可按年生产规模的 15%～20% 设计，各种冷库大小的确定可参考表 6-6。

表 6-6　食品工厂各种库房的贮存量

库房名称	温度/℃	贮藏物料	库房容量要求
高温库	0～4	水果、蔬菜	15～20d 需要量
低温库	<−18	肉禽、水产	30～40d 需要量
冰库	<−10	自制机冰	10～20d 制冰能力
冻结间	<−23	肉禽类副产品	日处理量的 50%
腌制间	−4～0	肉料	日处理量的 4 倍
肉制品库	0～4	西式火腿、红肠	15～20d 产量

二、冷库建筑面积计算

在冷库容量确定之后，冷库建筑面积的大小取决于物料的品种、堆放方式及冷库的建筑形式，具体可按下式进行估算：

$$A = \frac{m\,1000}{a\rho hn} \tag{6-11}$$

式中　A——冷库净建筑面积（不包括辅助建筑），m^2；

　　　m——拟定的仓库容量，t；

a——平面系数（有效堆货面积/建筑面积），多库房的小型冷库（稻壳隔热）取 0.68～0.72，大库房的冷库（软木、泡沫塑料隔热）取 0.76～0.78；

h——冷冻食品的有效堆货高度，m；

n——冷库层数；

ρ——冷库食品的单位平均体积质量，kg/m³。

三、冷库耗冷量计算

耗冷量是制冷工艺设计的基础资料，无论是库房制冷设备的设计或是机房制冷压缩机的配置，都要以耗冷量作为依据。冷库的耗冷量受冷加工食品的种类、数量、温度、冷库温度、大气温度、冷库结构等多方面因素的影响。通常食品工厂耗冷量有以下几个方面，现在简单介绍一下计算方法。

1. 物料冷却、冻结的耗冷量 Q_1

$$Q_1 = \frac{G(i_1 - i_2)}{h} + \frac{g(T_1 - T_2)C}{h} + \frac{G(g_1 + g_2)}{2} \tag{6-12}$$

式中 Q_1——物料冷却、冻结的耗冷量，kJ/h；

G——冷库进货量，kg；

i_1，i_2——物料冷却冻结前后的热焓，kJ/kg；

h——冷却的时间，h；

T_1，T_2——进出库时包装材料的温度，℃；

C——包装材料的比热容，kJ/(kg·℃)；

g_1，g_2——果蔬进、出库时相应的呼吸热，kJ/(kg·h)。

考虑到物料初次进入的热负荷较大，计算制冷设备制冷量时应按 Q_1 的 1.3 倍考虑。

2. 冷库围护结构的耗冷量 Q_2

围护结构的耗冷量 Q_2 系指冷库因室内外温度差通过围护结构（墙壁、地坪、顶棚等）所传递的热量，同时还包括因太阳辐射热所产生的耗冷量。具体的计算可利用下式进行估算：

$$Q_2 = PS \tag{6-13}$$

式中 Q_2——冷库围护结构的耗冷量，kJ/h；

P——维护结构单位面积的耗冷量，kJ/(h·m²)[一般取 42～50kJ/(h·m²)]；

S——维护结构的面积，m²。

3. 冷库通风换气的耗冷量 Q_3

食品工厂冷库通风换气的耗冷量主要有两个部分：排除室内有害气体引起的耗冷量以及室内操作人员需要补充新鲜空气而引起的耗冷量，具体可按下式进行估算：

$$Q_3 = \frac{3V\Delta i}{Z} \tag{6-14}$$

式中　Q_3——冷库通风换气的耗冷量，kJ/h；

　　　V——通风库房容积，m³；

　　　Δi——室内外空气的焓差，kJ/m³；

　　　Z——通风机每天工作时间，h。

　　4. 冷库运行管理的耗冷量 Q_4

　　冷库运行管理的耗冷量是指冷库内电动机、照明等电器设备，操作人员本身及开门所产生的热量而引起的耗冷量。具体可按下式进行估算：

$$Q_4 = Q_{4a} + Q_{4b} + Q_{4c} + Q_{4d} \tag{6-15}$$

式中　Q_4——冷库运行管理的耗冷量，kJ/h；

　　　Q_{4a}——照明耗冷量，kJ/h，每平方米耗冷量：冷藏间 4.18kJ/h，操作间 16.7kJ/h；

　　　Q_{4b}——电动机运转耗冷量，kJ/h，$Q_{4b} = 3594N$（其中 N 为电动机额定功率，kW）；

　　　Q_{4c}——开门耗冷量，kJ/h，$Q_{4c} = q_c S$（其中 S 为冷室面积，q_c 为单位面积冷室耗冷量，一般当冷室温度为 $-4 \sim 4$℃时，$q_c = 0.08 \sim 0.1$，冷室温度低于 -10℃时，$q_c = 0.5$）；

　　　Q_{4d}——库房操作人员耗冷量，kJ/h，$Q_{4d} = 1256n$（n 为库内同时操作人数，一般 $n = 2 \sim 4$）。

　　由于冷藏间使用条件变化较大，为简便计，可按下式估算 Q_4：

$$Q_4 = (0.1 \sim 0.4)Q_1 \tag{6-16}$$

对于大型冷库取 0.1，中型冷库取 $0.2 \sim 0.3$，小型冷库可取 0.4。

　　5. 冷库设计总耗冷量 Q

　　综上所述，对每个冷库将上述四个方面的耗冷量加起来求和，乘上一个安全系数，就可以得到冷库所需制冷装置的能力（冷负荷），为选择相应制冷设备提供依据。

　　冷库设计计算总耗冷量（冷负荷）为：

$$Q = (Q_1 + Q_2 + Q_3 + Q_4)A \tag{6-17}$$

式中　Q——冷库设计计算总耗冷量，kJ/h；

　　　A——考虑到制冷设备和低温管路冷损耗的附加系数，一般为 $1.1 \sim 1.15$。

四、制冷方法与制冷系统

　　制冷的方法很多，如蒸汽压缩式、吸收式、蒸汽喷射式、吸附式、热电式、膨胀式等制冷方法。其中蒸汽压缩式制冷由于性能好、效率高，而成为一种使用最为广泛的制冷方法。根据制冷剂的不同，蒸汽压缩式制冷又可分为氟利昂系统和氨制冷系统。根据制冷剂蒸汽被压缩的次数，又可分为单级压缩、双级压缩和复叠式压缩制冷系统。

　　氟利昂系统由于系统简单、安装便捷，制冷剂无色、无味、无毒害，而被食品工厂广泛使用在中小型冷库上；氨制冷系统由于氨具有热力学性质良好、价格便宜等优点而被广泛地使用在大中型冷库上。

一般的单级压缩制冷机蒸发温度只能达-35℃左右，如需获得更低的温度（-70～-40℃）可采用双级压缩制冷循环系统。

五、制冷设备的选择

制冷设备的选择计算是在耗冷量计算的基础上进行的。制冷设备的核心是制冷压缩机，如压缩机选配过小，则不能满足生产需要；如压缩机选配过大，将会出现浪费现象。所选台数过少，调度不灵活；过多则操作又复杂化。

1. 制冷设备选择的一般原则

① 制冷压缩机应根据蒸发温度的机器负荷分别选用，一般不设备用机。

② 选用活塞式氨压缩机时，当冷凝压力与蒸发压力之比大于 8 时，应采用双级压缩；当小于或等于 8 时，应采用单级压缩。

③ 不同蒸发温度的制冷压缩机应考虑各种系统之间相互代替，同一制冷压缩机车间最好采用同一系列，以便各零部件的互换使用。

④ 选用氨压缩机的工作条件不得超过厂家规定的允许条件。

⑤ 制冷压缩机总负荷较大的冷库尽量选用大型压缩机，以减少机器台数，简化系统，便于操作，生产单位冷量的压缩机成本较低，但整个冷库用机总台数不得少于 2 台，特别是在季节性负荷变化较大的情况下，可适当增加压缩机的台数。

2. 蒸发温度与冷凝温度的确定

制冷设备选择前应根据生产工艺要求和外界条件来确定制冷装置的工作参数，其中主要是蒸发温度与冷凝温度的确定。

蒸发温度的确定取决于生产工艺所要求的温度与制冷剂的种类。当以空气为冷却介质时，蒸发温度低于空气温度 7～10℃；当以盐水或水为冷却介质时，蒸发温度低于介质温度 5℃。

冷凝温度的确定取决于冷却介质的种类和冷凝器的结构形式。一般立式、卧式、淋浇式和组合式冷凝器的冷凝温度比冷却水出口温度高 4～6℃。蒸发式冷凝器冷凝温度较夏季室外平均计算湿球温度高 5～10℃。

3. 氨压缩机的选择

氨压缩机产品出厂时都有该厂设备的制冷能力曲线图，该图可按所设定的蒸发温度 t_0 和冷凝温度 t_k 查出相应的每立方米理论容积产冷量 q_{vh}，然后根据计算出的机械冷负荷 Q_0 算出所需氨压缩机的理论容积 V_h（m³/h）：

$$V_h = \frac{Q_0}{q_{vh}}$$

(6-18)

最后，查氨压缩机的技术性能表，选择合适者采用。

六、冷库设计要求

1. 冷库的平面布置要点

① 应根据生产工艺要求确定冷库位置和面积大小。平面外形最好接近正方形，以

减少外部围护结构。库房坐向应因地制宜，尽量减少太阳对冷间的辐射。周围应有良好的卫生条件，应避开产生粉尘、污物的场所。

② 库房净高应根据实际需要以及库房空间使用合理性和经济性确定。一般单层冷库的净高不宜小于 5m，多层冷库的层高宜为 4.2～4.8m。

③ 有高温、低温库房的冷库，应分区布置（包括上、下、左、右）。把温度相同的冷间布置在一起，以减少隔热层厚度和保持库房温湿度相对稳定。冷库内尽可能不设内穿堂，如必须设置时，应避免设置贯通式内穿堂，以防止库房之间的冷热交换。

④ 应布置在交通方便、具备可靠水源和电源的地方。并适当留有余地，以供冷库发展。

2. 冷库平面布置的一般形式

在冷藏库的平面布置中，往往是以冷库和冻结间为主体，在其一侧或两侧布置铁路或公路月台，在其四周布置各种专业用房和辅助用房。楼梯、电梯间一般布置在靠铁路或公路月台一侧的常温穿堂内，以保证垂直和水平运输的畅通。

有的冷库因使用要求，其铁路、公路运输量均较大，需在冷库两侧同时设置铁路和公路月台。为了节约穿堂面积和电梯设备，也可将主库分成两部分，将楼梯、电梯和穿堂集中布置在铁路、公路月台之间，供铁路、公路运输两者使用。

一般小型冷库因其运输量不大，无需设置铁路月台，只在库房出入口设置公路月台，供汽车等车辆装卸货物使用。如图 6-4 所示为 500t 冷库的平面图。

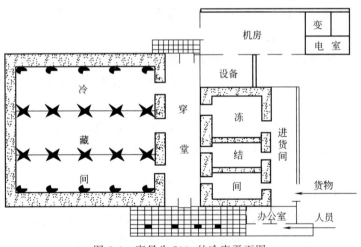

图 6-4　容量为 500t 的冷库平面图

3. 保温隔热设计

为了防止制冷系统的冷量损失，对低温设备与管道都必须进行保温（又称隔热）。保温隔热材料应选择导热系数小、体积质量小、吸湿性小、不易燃烧、不生虫、不腐烂、没有异味和毒性的材料。

目前，冷库墙体隔热层的施工方式大致可分为三种：采用夹层墙；采用预制隔热嵌板；墙体上现场喷涂聚氨酯。

4. 隔汽防潮设计

隔汽防潮设计是冷库设计的重要内容，由于库外空气中的水蒸气分压与库内的水蒸气分压有较大的压力差，所以水蒸气就由库外向库内渗透。为阻止水蒸气渗透，要设有良好的隔汽防潮层。

隔汽防潮层必须设在绝热层的高温侧。对于低温侧比较潮湿的地方，其外墙和内墙隔热层两侧均应设防潮层。相同温度的库内隔墙可不用隔汽层。

屋顶隔汽防潮层采用三毡四油，外墙和地坪采用二毡三油。

常用隔汽防潮材料主要有石油沥青油毡和塑料薄膜防潮材料两大类。

第五节　采暖与通风

采暖与通风设计的主要内容有：车间与辅助室的冬季采暖、夏季空调降温，某些食品工艺过程中的保温或干燥，某些设备或车间的排气与通风，一些物料的风力输送等。

一、采暖

为了满足生产和生活的需要，往往要求室内或工作场所保持一定的温度。按照国家标准规定，凡是平均温度≤5℃的天数历年平均为90d以上的地区应集中采暖。

1. 室内计算温度

按照国家有关规定，设计集中供暖时，当生产没有特殊要求时，冬季室内工作点的计算温度（通过采暖应达到的室内温度）应符合表6-7的要求，辅助用室的冬季室内气温应符合表6-8的要求。

表 6-7　车间内冬季气温要求表

分　　类	空气温度/℃	
	轻　作　业	重　作　业
每人占用面积＜50m² 时	≥15	≥12
每人占用面积为 50～100m² 时	≥10	≥7
每人占用面积＞100m² 时	局部采暖	

注：食品工厂环境潮湿，采暖温度宜比该表数值高1～2℃。

表 6-8　辅助用室冬季室内气温要求表

辅助用室	室内气温/℃	辅助用室	室内气温/℃
食堂	14	哺乳室	20
办公室、休息室	16～18	淋浴间	25
厕所、盥洗室	12	淋浴间换衣室	23
女工卫生室	23	烘衣房	40～60

当生产工艺有特殊要求时，采暖温度则应按要求而定。如肉禽罐头保温间为37℃，果蔬罐头保温间为25℃。

设置集中采暖的公共建筑和生产厂房及辅助建筑物，当其位于严寒地区或寒冷地区，且在非工作时间或中断使用的时间内，室内温度必须保持在0℃以上，而利用房间蓄热量不能满足要求时，应按5℃设置值班采暖。

2. 采暖耗热量的计算

精确计算采暖系统耗热量公式繁杂，可用下列公式概略计算耗热量：

$$Q = PV(t_n - t_w) \tag{6-19}$$

式中　Q——耗热量，kJ/h；

P——热指标，kJ/(m³·h·℃)（有通风车间 $P \approx 1.0$，无通风车间 $P \approx 0.8$）；

V——房间体积，m³；

t_n——室内计算温度，℃；

t_w——室外计算温度，℃。

3. 采暖系统

食品工厂采暖系统常用的热媒为水（水温低于100℃的低温热水，水温高于100℃的高温热水）、蒸汽（低压蒸汽≤70kPa，高压蒸汽＞70kPa）和空气（集中送风，暖风机系统）。

生活区常用热水作为热媒；生产厂房及辅助建筑物，当厂区只有采暖用热或以采暖用热为主时，宜采用高温水作热媒。当厂区供热以工艺用蒸汽为主，在不违反卫生、技术和节能要求的条件下，可采用蒸汽作热媒。

采暖方式一般有热风采暖、散热器采暖和辐射采暖等几种。食品工厂大多采用散热器采暖，夏季有空调要求的车间或车间单元体积大于3000m³时，宜采用热风采暖。

4. 采暖管道设计原则

① 热水采暖室外管网布置形式多采用枝状管网，若工厂对采暖系统可靠性要求特别高，不允许有中断的情况，可采用环状管网或复式枝状管网（同时采用两根供热水管）。蒸汽采暖通常采用单管制系统。

② 供暖管网布置形式确定后，管线布置力求短直，与其他管道之间有必要的距离以方便施工与维修。

③ 采暖管道应设有一定的坡度。对于热水管、汽水同向的蒸汽管和凝结水管，坡度宜采用0.003，不得小于0.002；对于汽水逆向流动的蒸汽管，坡度不得小于0.005。

④ 采暖系统供水干管的末端和回水干管的始端的管径，不宜小于20mm；低压蒸汽的供汽干管可适当放大。

⑤ 采暖管道中的热媒流速应根据热水或蒸汽的压力、系统形式、防噪声要求等因素确定，不应大于最大允许流速。最大允许流速可见表6-9。

表 6-9　管道中热媒流动的最大允许流速

采暖系统		最大允许流速/m·s⁻¹	采暖系统		最大允许流速/m·s⁻¹
热水	民用建筑	1.2	低压蒸汽	汽水同向流动时	30
	辅助建筑物	2		汽水逆向流动时	20
	生产厂房	3	高压蒸汽	汽水同向流动时	80
				汽水逆向流动时	60

二、通风与空调

通风与空调的目的是排除并控制车间内余热、余湿、有害气体及粉尘等，使车间内空气保持适宜的温度、湿度、气流速度和卫生清洁度，以保证生产工艺和生活舒适所需的环境。

工程上，将只实现内部空气温度的调节技术称为供暖或降温，将只实现空气的清洁度处理和控制工业有害物浓度在卫生要求范围内的技术称为工业通风。实质上，供暖、降温及通风都是调节内部空气环境的技术手段，只是在调节的要求上及在调节空气环境参数的全面性方面与空气调节（简称空调）有别而已。

1. 通风与空调的一般规定

（1）优先考虑自然通风　为节约能源和减少噪声，应尽可能优先考虑自然通风。车间的方位应根据车间的主要进风和建筑形式，按夏季最有利的风向进行布置。同时还要从卫生角度考虑，防止外界有害气体或粉尘进入。

（2）机械通风　当自然通风达不到要求时，需要采用机械通风。当工作点的计算温度大于35℃时，应设置岗位吹风，吹风的风速在轻作业区为2～5m/s，重作业区为3～7m/s，吹风方向应从工人前侧上方倾斜吹到人体的头、颈和胸部。另外，在有大量蒸汽散发的工段，不论其气温高低，均需考虑机械通风。

（3）食品空调车间的温湿度要求　食品空调车间的温湿度要求随产品性质或工艺要求而不同，一般生产车间的温湿度要求可参考表6-10。

表 6-10　食品工厂有关车间的温湿度

工厂类型	车间或部门名称	温度/℃	相对湿度(φ)/%
罐头工厂	鲜肉凉肉间	0～4	＞90
	冻肉解冻间	冬天12～15	＞95
		夏天15～18	＞95
	分割肉间	＜20	70～80
	腌制间	0～4	＞90
	午餐肉车间	18～20	70～80
	一般肉禽、水产车间	22～25	70～80
	果蔬类罐头车间	25～28	70～80
乳制品工厂	消毒奶灌装间	22～25	70～80
	炼乳装罐间	＜20	＞70
	奶粉包装间	22～25	＜65
	麦乳精粉碎及包装间	22～25	＜40～50
	冷饮包装间	22～25	＞70
糖果工厂	软糖成型间	25～28	＜75
	软糖包装间	22～25	＜65
	硬糖成型间	25～28	＜65
	硬糖包装间	22～25	＜60

（4）空气净化　食品生产的某些工段，如奶粉、麦乳精的包装间、粉碎间及某些食

品的无菌包装等，对空气的卫生要求特别高，空调系统的送风要考虑空气净化。常用的净化方式是对进风进行过滤。

（5）新鲜空气量标准　每人每小时应有的新鲜空气量标准见表6-11。

表 6-11　新鲜空气量标准

平均每人所占车间容积/m³·人⁻¹	应有新鲜空气量/m³·人⁻¹·h⁻¹
<20	≥30
20～40	≥20
>40	可由门窗渗入的空气换气

2. 空调系统的选择

按空调设备的特点，空调系统有集中式、局部式和混合式三类。

（1）局部式空调系统（即空调机组）　主要优点是：土建工程量小，易调节，上马快，使用灵活。其缺点是：一次性投资较高，噪声也较大，不适于较长风道。

（2）集中式空调系统　主要优点是：集中管理、维修方便、寿命长、初投资和运行费用较省，能有效控制室内参数。通常用于空调面积超过 $400\sim500m^2$ 的车间。

（3）混合式空调系统　介于上述两者之间，既有集中，又有分散，如诱导式空调系统和风机盘管等。

3. 空调车间对土建的要求

① 应尽可能减少室外的围护结构，需要空调的车间应尽可能集中，以减少邻室对空调车间的影响；车间建筑需满足气流组织、风管布置等方面的要求。

② 应尽量避免东西向窗，尽可能减少窗面积，外窗应设双层窗，南向还应有遮阳措施。

③ 空调车间整洁度较高时，可设吊平顶。平顶材料应不易吸潮和长霉，墙面要求不易积灰，保持清洁。

三、局部排风

食品生产的热加工工段散发的余热和水蒸气较多，特别是热烫、预煮、油炸、浓缩、排气、杀菌等开口加热设备。如不将这些余热及水气及时排除，不仅会使车间的温湿度升高，而且还会使墙面或顶棚滴水发霉。为此，对这些工段应采取局部排风。

食品工厂常用的排风设备有排气风扇、轴流风机和离心风机等。单层厂房还可采用气楼进行排风。

小范围的局部排风一般采用排气风扇，但排气风扇的电动机在湿热气流下工作容易出故障。故较大面积的工段或温度较高的工段常采用离心风扇排风。因离心机的电动机基本上在自然气流状态下工作，运行比较可靠。

有些设备如烘箱、烘房、预煮机等可设专门封闭排风管排出室外，有些开口面积较大的设备如夹层锅、油炸锅等可设伞形排风罩接排风管。对易造成大气污染的油烟气或其他化学性有害气体，应设立油烟过滤器等装置，进行处理后，再排入大气。

【思考题】

1. 简述食品工厂公用系统设计的主要内容及注意事项。
2. 说明公用系统中常用的设备及其结构、选型和特点。
3. 对某一拟建食品工厂的用水量、排水量、电负荷、热负荷以及冷库耗冷量进行设计。
4. 根据食品工厂的生产规模和生产性质，如何进行各部门之间的合理配置和布局，以达到食品工厂的生产要求、卫生要求等？

第七章　技术经济分析

学习目标与要求

1. 了解食品工厂建设项目基本建设概算。
2. 了解技术经济分析的内容，熟悉技术经济分析的指标。
3. 学会技术经济分析的方法。

第一节　基本建设概算

一、编制基本建设概算书的作用

基本建设概算书是初步设计文件的重要组成部分，是确定投资额和编制建设计划的依据。在基本建设项目可行性研究报告或项目计划任务书中，必定包含"投资额"这一要素，投资额主要是根据"产品和规模"的客观需要经过估算而确定（有的则是根据财力的可能性，事先加以限制）。这种估算出来的投资额是否符合或接近实际，需要用一个汇总各项开支的、以货币指标来衡量的尺度，这种尺度就是初步设计概算书。初步设计概算是确定建设项目投资额、编制项目建设实施计划、考核工程成本、进行项目的技术经济分析和工程结算的依据，也是国家对基本建设进行管理和监督的重要方法之一。基本建设概算书一般由设计部门负责编制，如果一项设计由两个以上单位共同设计，则由总体设计单位牵头进行。基本建设概算的意义在于以下几点。

1. 初步设计概算是编制总体项目计划、确定和控制项目建设投资额和项目管理的依据

不管采用几段设计，在初步设计中都要编制项目初步设计概算，以确定建设项目的总投资额度及其构成。初步设计概算经过有关部门批准后，就作为项目建设投资的最高限额。在项目工程建设过程中，如果不经过规定的程序批准，原则上不能突破这一限额。投资项目的设计、项目管理组织与项目招标投标、项目施工管理、项目的竣工验收、项目的投产准备等工作环节的管理工作都是以项目概算为依据的。在工作过程中是按照已经批准的设计概算，由项目单位与项目主管部门签订包干合同，实行建设项目投资包干制。项目单位进行建设项目工程招标的标底，也必须以经过批准的项目设计概算为基础确定，不能超过项目设计概算。

2. 初步设计概算是进行项目技术经济分析的依据

要评价一个项目的优劣，应综合考核建设项目的每个技术经济指标，其中工程总成本、单位产品成本、投资回收期、贷款偿还期、内部收益率等指标的计算，都必须在建设项目设计概算的基础上进行。一个投资项目确定之后，在建设前一般要提出几个不同

的方案，通过计算各项技术经济指标进行多方案分析比较，择优选取。设计概算是重要的依据之一。

3. 初步设计概算是确定和控制项目阶段投资额度的依据

设计阶段的划分一般取决于项目建设工程规模的大小和技术的复杂程度以及设计水平的高低等因素。大中型项目一般采用初步设计和施工图两个阶段。对技术比较复杂的项目需要增加技术设计阶段，采用初步设计、技术设计、加工图三阶段设计。对一些较大型的项目为解决其总体部署和开发问题，在进行初步设计之前还要进行总体规划或总体设计。大型建设项目建设期较长，一般需要分阶段进行建设，在设计概算中一般要按照阶段设计的要求确定建设项目的阶段投资额。

4. 初步设计概算是编制建设项目年度建设计划的依据

项目设计中对项目建设所需的财力、物力、人力等都做了较为精确的计算。在项目设计中同时还确定了建设工期及分年度建设计划，在项目设计过程中初步设计概算经批准后，即可根据项目初步设计概算书编制项目的分年度投资计划。

5. 初步设计概算是确定项目贷款额度的依据

投资项目的资金来源一是项目投资主体的自有资金，其次是信贷资金，部分项目还能得到赠款、财政无偿拨款或借款。借贷资金是以项目的名义向有关金融机构、金融组织等获得的借款，是项目建设资金的重要来源。项目筹备的资金必须能够满足项目建设既定目标的实现，在自有资金等具体资金来源既定的条件下，项目设计概算是确定项目贷款额度的依据。

二、设计概算的内容

项目设计概算的内容一般由建筑及设备安装工程费用、设备及工具器具购置费用、其他费用及预备费等组成。

1. 建筑及设备安装工程费用

建筑工程费用指建设项目在工程建设期间发生的各种费用，包括直接费用、间接费用、计划利润及税金四部分组成。

（1）直接费用　直接费用是指直接耗用在建设项目建筑及设备安装工程上的各种费用的总和，一般由人工费用、材料费用、施工机械使用费及其他直接费用组成。

① 人工费用。指直接从事建筑安装工程施工工人和附属辅助生产工人的基本工资、附加工资及各种津贴或奖金等。

② 材料费用。指工程所需要的主要材料、其他材料、构件、零件、半成品及周转材料等的费用。各种材料的预算价格中包含材料原价、材料供销部门手续费、包装费、材料采购费、材料保管费及与建设项目建筑工程有关的各种摊销费用等。

③ 施工机械使用费。指在建筑及设备安装工程施工中使用施工机械所发生的费用。一般包括固定资产折旧、修理费、替换设备及工具费、润滑及擦拭材料费、安装拆卸及辅助设施费、机械进出场费、机械保管费、驾驶人员工资、动力和燃料费及施工机械的养路费等。

④ 其他直接费用。指建筑工程施工现场所需要的水、电、汽以及由于施工现场的

一些特殊情况而发生的材料的二次搬运费等。

（2）间接费用　指服务于某单项工程或整个项目工程但不能直接计入项目各项工程的费用。间接费用包括施工管理费和其他间接费两部分。

①施工管理费。指施工管理工作人员工资、附加费及部门管理费等。

②其他间接费。指固定资产及工具器具使用费、劳保费、检验测试费、人员培训费及施工队伍调遣费等。一般建筑工程以直接费用为基础按间接费率计算间接费。

（3）计划利润　指政府规定的实行独立核算的施工企业，在完成建筑工程之后可按规定的比率计提的利润额。按国家有关规定，法定利润率为工程预算成本的2.5%。

（4）税金　指按照政府对建筑工程有关规定的税种和税率计算应缴纳税金额度。

2. 设备及工具器具购置费用

指为购置需要安装和不需要安装的全部设备而花费的所有费用，包括原价、包装费、运输费、采购及保管费等。

（1）设备原价　指购置设备的价格。有出厂价的设备可按出厂价计算，无出厂价的设备或非标准设备可按制造厂家报价或参考有关资料或同类设备价格估价计算。

（2）设备运杂费　按照有关的运杂费规定标准计算并将其并入设备原价。进口设备按中国进出口公司、各专业公司的算法计价；直接向国外订货的设备，根据报价或已经签订的合同价并按有关标准作适当调整后计价；既无报价也没有签订合同的设备，可以参照国内同类进口设备的价格计算。

（3）工具器具购置费　指项目建成后为使项目在生产经营初期能够正常生产而购置的一套未达到固定资产标准的设备、工具、器具及生产用家具等所发生的费用。可以全厂设备购置费为基础按一定费率计算得到，也可以按照项目设计生产工人的定员及定额计算得到。

（4）设备采购保管费　指项目单位供销部门为设备采购和保管支付的费用。

3. 其他费用

指根据有关规定应列入固定资产投资的除建筑及设备安装工程费用、设备及工具器具购置费用以外的一些费用，主要包括土地征用费、拆迁补偿和安置费、建设单位管理费、研究试验费、员工培训费、办公费及生活家具购置费、联合试运转费、勘察设计费、施工机构迁移费、厂区绿化费、矿山巷道维修费、评估费、引进技术及进口设备的其他费用等。

三、工程项目概算编制

编制基本建设概算，必须根据初步设计资料，按造价构成因素分别计算并汇总起来求得。就整个概算而言，设备及工具器具的概算价值比较容易求得，"其他费用"的确定也不困难，唯有建筑及安装工程造价的确定要按照工程项目的划分，分层次地逐项计算，然后才能求出整个建设项目的工程造价。工程项目的层次划分一般如下所述。

1. 建设项目

一般是指既有计划任务书和总体设计，经济上又实行独立核算，且行政上有独立组织形式的基本建设单位，如通常说的食品工厂建设项目。

2. 单项工程

指在建设单位中具有独立的设计文件，建成后可以独立发挥设计文件所规定的生产能力或效益的工程，也称工程项目。单项工程是建设项目的组成部分，一个建设项目可以是一个单项工程，也可以包括几个单项工程。如食品工厂建设中的生产车间、锅炉房、办公楼等。又称为单体项目。

3. 单位工程

单位工程是指具有单独设计，可以独立组织施工但不能独立发挥生产能力的工程。单位工程是单项工程的组成部分。一个单项工程可根据能否独立施工划分为若干个单位工程。如某食品工厂其豆沙生产车间是一个单项工程，而生产车间的厂房建筑和设备安装则分别为一个单位工程。

4. 分部工程

分部工程是单位工程的组成部分，一般按照单位工程的部位划分。如房屋建筑单位工程可以划分为基础工程、主体工程、屋面工程等。

5. 分项工程

分项工程是分部工程的组成部分。如墙体工程可以划分为开挖基槽、垫层、基础灌注混凝土、防潮等分项工程，钢筋混凝土工程可以划分为模板、钢筋、混凝土等分项工程。

四、工程项目概算组成

工程项目概算书由简明扼要的概算编制说明以及一系列表格所组成。这些表格按层次划分主要包括单位工程概算、工程建设其他费用概算、单项工程综合概算和建设项目总概算。

1. 单位工程概算

单位工程概算是确定单位工程建设费用的文件。如一般土建工程概算、特殊构筑物工程（如食品工厂的设备基础、烟囱、水池、水塔等）概算、工业管道工程（如食品工厂的蒸汽管道）概算、卫生工程概算、电气照明工程概算、机械设备及安装工程概算等。一般根据设计图纸所计算的工程量和概算定额（概算指标）、设备预算价格以及施工管理费等编制。

2. 工程建设其他费用概算

此概算是确定建筑、设备及安装工程之外与整个工程有关的其他工程和费用的文件。一般根据设计文件和国家、地方、主管部门规定的收费标准编制，并单独列入综合概算或总概算中。

3. 单项工程综合概算

单项工程概算是确定单项工程（单体项目）建设费用的文件。由该单项工程内各个单位工程概算汇编而成。如果工程不编制总概算，则工程建设其他费用概算及预备费应列入单项工程综合概算中。

4. 建设项目（整体项目）总概算

此概算是确定建设项目从开始筹建到竣工验收全部建设费用的文件。由该建设项目的各个单项工程的综合概算、工程建设其他费用概算及预备费汇编而成。

建设项目总概算的基本内容一般分为以下两部分。

（1）工程费用项目

① 生产设施。

② 辅助生产设施。

③ 公用设施。

（2）工程建设其他费用项目

① 土地征用费。

② 拆迁补偿和安置费。

③ 建设单位管理费。

④ 研究试验费。

⑤ 员工培训费。

⑥ 办公费及生活家具购置费。

⑦ 联合试运转费。

⑧ 勘察设计费。

⑨ 施工机构迁移费。

⑩ 厂区绿化费。

⑪ 矿山巷道维修费。

⑫ 评估费等。

在这两部分费用合计之后，应列"未能预见工程和费用"（又称不可预见费）。

工程项目概算编制是将收集的各项基础资料（包括各项定额、概算指标、取费标准、工资标准、设备价格等）编制成单位估价表和单位估价表汇总，并根据单位估价表和工程量计算表等资料计算直接费用，再以施工管理费、独立费用定额、法定利润率等为依据计算施工管理费、独立费和法定利润；编制单位工程概算书；以及汇编各种概算文件，形成总概算书。

每个建设项目工程概算文件的组成并不是一样的，要视工程的大小、性质、用途以及工程所在地的不同而定。

第二节　技术经济分析

技术经济分析是技术经济学研究的主要内容，是一门跨技术科学与经济科学两个领域的综合性交叉学科。

技术和经济是人类社会进行物质生产不可缺少的两个方面。在任何情况下，人们为了达到一定的目的和满足一定的需要，都必须采用一定的技术，而任何技术的社会实践，都必须消耗人力、物力和财力，即需要一定的代价。换句话说，采用技术不能脱离经济，技术的经济性是十分明显的。脱离了经济效果的分析评价，无论其技术是好是坏、先进与否，都将无法判断。

技术经济分析就是对不同技术方案的经济效果进行计算、分析和评价，并对多种方案比较所选择的最优方案（包括计划方案、设计方案、技术措施和技术政策）的预测效果进行分析，作为选择方案和进行决策的依据。

技术经济分析工作是一项十分重要的工作，只有经过这样的分析，证明项目在技术上可行、经济上合理、财政上有保证，才能将工程确定下来。

一、技术经济分析的内容

技术经济分析主要从经济的角度出发，根据国家现行的财务制度、税务制度和现行的价格，对建设项目的费用和效益进行测算和分析，对建设项目的获利能力、清偿能力和外汇效果等经济状况进行考察分析的一项研究工作。这一研究工作的目的是通过分析，定性定量地判断建设项目在经济上的可行性、合理性及有利性，从而为投资决策提供依据。

1. 技术与经济的关系

（1）技术　技术经济学中涉及的技术是广义的。广义的技术是指人类在为自身生存和社会发展所从事的各种实践活动中，为了达到预期的目的而根据客观规律对自然、社会进行协调、控制、改造的知识、技能、手段、方法和规则的总称。

（2）经济　经济是个多义词，其涵义大致可分为两类：一类是指与物质生产范畴相联系的概念，如社会生产、流通、分配、消费活动的总称，称为经济活动；再如与上层建筑相对应的生产关系的总和，称为经济基础；又如一个国家的生产、流通、分配、消费的总体，称为国民经济。另一类是指生产劳动中的投入与产出、费用与效率的比例关系，即生产活动的效益。

（3）技术效果　技术效果指技术应用所能达到技术要求的程度。技术效果是形成经济效果的基础。技术是特定社会经济条件下的产物，必须在一定环境条件下才能发挥作用。技术对于经济发展所起的作用取决于技术与社会经济条件的适应程度。

（4）经济效果　经济效果指经济活动所费与所得的对比。通常将劳动占用量、劳动消耗量与劳动成果进行比较。劳动占用量是指劳动过程中实际投入的物化劳动量；劳动消耗量是指生产过程中实际消耗的活劳动和物化劳动量。劳动占用量和劳动消耗量总称为所费，劳动成果称为所得，所费与所得相比较，即可反映经济活动的效果。

（5）技术经济效果　一般来说，任何一项技术的采用都会取得一定的技术效果和经济效果。在许多情况下，技术效果和经济效果的变动趋势是一致的，但有时候也会出现不一致的情况。特别是那些不需要增加投资或只需略增加投资的技术，如在全部生产过程中都使用机器代替手工劳动，从技术角度看是好的，然而经济效果不见得就好。因此，任何一项措施虽然具备了一定的技术效果，但人们在生产实践中是否采用它，并不是完全取决于其技术效果的好坏，更重要的是应取决于其经济效果的大小。在项目设计的不同方案中，所用技术措施一经改变，必然会引起经济上的一些变化，可将这些变化归纳为产品量、物化劳动消耗量和活劳动消耗量三个基本要素的变化。一般将由技术措施不同所引起的这三个基本要素的变化称作技术经济效果。即项目设计的不同方案的技术经济效果，是指其所拟采用的技术措施、技术方案、生产工艺等预期所能获得的生产成果对预期所需消耗和占用的劳动的比例关系。项目设计方案的劳动投入与成果产出的函数关系变化对人们有利的程度大，则表明方案的技术经济效果好，反之，则差。为了从经济角度来考虑技术的优劣，就要对项目设计的不同方案所拟采用的各种技术进行效果评价。

可以从经济角度来比较项目设计的不同方案，也可以从技术角度来比较项目设计的不同方案。

2. 技术经济分析的原则

① 先进性原则；

② 适用性原则；

③ 经济性原则。

3. 技术经济分析的任务

① 产品设计成本（或经营费用）的经济分析。

② 基建投资的经济分析。

③ 劳动生产率的分析。

④ 投产后的经济效益分析等。

4. 技术经济分析的内容

① 认真做好对市场和消费者的调研、预测工作，为项目决策提供依据。

② 认真做好项目布局、厂址选择的研究工作。

③ 认真做好工艺流程的确定和设备的选型配套工作。

④ 认真做好项目专业化协作的落实工作。

⑤ 认真做好项目的经济核算工作。

为了确定一个建设项目，除了要做好以上各项分析工作外，还要对每个项目所需的总投资逐年分期投资，对投产后的产品成本、利润率、投资回收年限、项目建设期间和生产过程中消耗的主要物质指标等进行精确的定量计算。经济核算应该全面细致，所用指标应确切可靠。同时由于项目的各项货币指标（如投资、经营费用、生产成本等）和实物指标是进行技术经济分析的重要前提，对技术和经济两方面都有较高的要求，因此，工程技术人员和经济财务人员一定要通力协作，共同完成这项工作。每个项目都要进行全面的、综合的研究和分析，既要在技术上做到可行、先进，又要在经济上做到有利、合理。

5. 技术经济分析的步骤

① 根据项目的具体要求，设计若干可能的技术方案；

② 技术经济分析前的准备工作，即收集各种方案的有关资料；

③ 选定技术经济评价的有关指标；

④ 对选定的技术经济指标进行计算；

⑤ 对设计方案进行综合评价并得出结论。

二、技术经济分析的主要指标

在技术经济分析中，为了计算和评价每个方案的优劣，需要利用一系列的技术经济指标。没有这些指标就无法进行计算，就无法对每个方案进行比较。因此，在进行项目的技术经济分析时，收集和计算各种指标是必不可少的一个环节。

在技术经济分析中，首先要收集和计算好各个方案的主要技术指标。这是进一步确定各方案经济效果对比的基础，因此，都必须完整地收集和正确地计算。

掌握各个方案的主要技术指标后，更重要的是收集经济数据和计算一系列的经济指标。在实际工作中，常常要收集和计算两类指标。一类是为具体计算用的造价指标，如食品工厂各建筑物的造价（元/m²）、各种设备每台的价格（万元/台）、每公里输电线路的造价（万元/km）等。另一类是进行方案经济评价用的经济指标，如投资指标、年经营费用（生产成本）指标、实物指标（主要燃料、原材料消耗指标）、劳动生产率指标及反映投资经济效果和生产经济效果的指标等。没有前一类指标，或者指标不准确，就不能进行方案评价，但如果只有供具体计算用的指标，是不能进行方案评价的。技术经济分析的目的，就在于比较方案能得到的有用效果与劳动耗费的关系，而后主要利用后一类指标分析。所以我们这里着重分析和计算后一类经济指标。后一类经济指标主要包括以下几个。

① 投资指标；

② 年经营费用指标；

③ 实物指标；

④ 劳动生产率指标；

⑤ 其他指标。

三、技术方案经济效果的计算与评价方法

1. 静态分析法

（1）投资回收期

① 累计净值投资回收期。该指标是指从项目开始投资建设到增量生产净值达到资本投资总额所需要花费的时间，即以项目的净效益抵偿全部投资所需要花费的时间长度，即

投资回收期＝累计净效益转为正值的年份数－1＋上年累计效益的绝对值/当年的净效益

$$(7-1)$$

② 年均净值投资回收期。该指标是指用项目年平均的增量生产净值补偿全部投资所需要的时间长度，即

$$投资回收期＝投资总额/年平均的增量生产净值 \qquad (7-2)$$

（2）单位货币收益率

$$单位货币收益率＝（项目的增量生产净值总额/项目的投资总额）×100\% \qquad (7-3)$$

2. 动态分析法

（1）货币的时间价值　货币的时间价值是指由于时间变化而引起货币资金所代表的价值量的变化。也即目前一单位货币资金所代表的价值量大于若干时间后同一单位货币资金所代表的价值量。

① 货币时间价值三要素。现值是指未来一定数额的货币的现在价值。终值是指现在一定数额的货币的将来价值。在货币时间价值的换算中，现值与终值之间的差额为利息，即

$$现值＋利息＝终值 \quad 或 \quad 终值－利息＝现值 \qquad (7-4)$$

由此可见货币时间价值的计算实际上是对利息的计算。现值、利息及终值构成了货

币时间价值的三个要素。

② 利息的计算。利息是指因存款或放款而得到的本金以外的钱。利率是利息与本金的比率，一般用百分率或千分率表示。

a. 单利。只按照本金计算利息，上期利息不计入本金，即

$$单利息＝本金×利率×时间 \tag{7-5}$$

b. 复利。指将本金每期所得利息在期末加入本金，并在以后各期内计算利息，逐期滚动计算到规定的期末。按照复利计算得到的本金与利息的总值为复利终值。复利终值的计算可以用公式表示为：

$$F_n = P(1+r)^n \tag{7-6}$$

式中　F_n——第 n 年的复利终值；

P——本金（现值）；

$(1+r)^n$——复利因数。

（2）贴现及贴现率的选择

① 贴现。贴现是指把未来一定数额的货币折算为现值的计算过程。贴现是终值的逆运算。即复利终值的计算是已经知道现在的金额、利率及期数，把现值折算为终值，是立足现在看将来，而贴现计算则是已经知道未来的金额、利率及期数，把将来的终值折算为现值，是立足将来看现在。

根据以上分析，现值的计算可以用公式表示为：

$$P = F_n(1+r)^{-n} \tag{7-7}$$

式中　$(1+r)^{-n}$——贴现因数。

② 贴现率。贴现率也称截止收益率，表明项目预期收益率的最低限度。项目在进行技术分析的时候，计算所得到的投资收益率不能低于截止收益率，否则表明项目经营失效。

（3）净现值法（简称 NPV）指标

① 项目技术经济分析期的确定。在进行项目的技术经济分析时多以项目的经济寿命作为项目的分析期。固定资产的使用年限、技术进步及货币的现价值是影响项目经济寿命期的三个主要因素。项目的经济寿命期包括投资监视期和生产经营期。项目时间跨度的确定因不同项目各自的特点而异。

② 净现值指标的含义。项目及其经济寿命期内各年收支分别形成效益流和成本流两组现金数列，项目的效益流与项目的成本流的差额为项目的净效益流。有项目的净效益与无项目的净效益的差额为项目的增量净效益流，通常将其称为现金流量。现金流量可区分为财务现金流量与经济现金流量。净现值为增量效益流的现值。净现值可区分为财务净现值与经济净现值，财务净现值用以反映项目方案的预期盈利水平，经济净现值用以反映项目方案对国民经济的预期贡献。

③ 净现值指标的计算

a. 确定一个合适的贴现率。在其他条件相同时，如果用两个贴现率计算所得到的净现值是有差别的，一般选择的贴现率越高，则计算所得到的净现值就越小，选择的贴现率越低则计算所得到的净现值就越大。任意选择几种贴现率用于计算项目的净现值，

会出现净现值大于零、净现值小于零及净现值等于零三种情况。所谓合适的贴现率是指其应体现出项目选择中所能接受的投资报酬率的最低限度，应体现出企业获取项目所需资金的各种利率的加权平均数。

b. 净现值的计算。可以按照规定的贴现率对项目的增量净效益流进行贴现求得项目设计方案的净现值。净现值的计算公式如下：

$$项目设计方案的净现值 = \sum (B_t - C_t)/(1+r)^t \quad t=1,2,3,\cdots,n \tag{7-8}$$

式中　t——年份数；

B_t——第 t 年的效益；

C_t——第 t 年的成本；

r——贴现率。

可以对项目设计方案的效益流及成本流分别贴现，计算出项目设计方案的效益流现值及成本流现值，再用项目的效益流现值减去项目的成本流现值即可得到项目的净现值。净现值的计算公式如下：

$$项目设计方案的净现值 = PV(B) - PV(C) \tag{7-9}$$
$$PV(B) = \sum B_t/(1+r)^t$$
$$PV(C) = \sum C_t/(1+r)^t$$

式中　$PV(B)$——效益流现值；

$PV(C)$——成本流现值。

这两种计算方法所得的结果应是相同的，应用时可以根据项目设计方案的要求及掌握资料的情况选择其中的一种。

④ 运用净现值指标进行项目设计方案技术经济分析。净现值大于零，说明项目的预期收益率不仅能够达到基准收益率的水平，而且还有盈余；净现值等于零，说明项目的预期收益率刚好等于基准收益率的水平；净现值小于零，说明预期收益率达不到基准收益率的水平，项目设计方案不可行。所以在项目设计方案的技术经济分析中，用净现值作为衡量项目取舍的标准为接受所有净现值大于或等于零的独立项目。独立项目指某一项目的实施不会影响另一项目的实施。但如果所有独立项目的净现值都大于零，都可以接受，则不能根据净现值的大小来排列项目的优劣顺序，因为项目规模的大小从根本上决定了项目净现值的大小，不同规模的项目在这个问题上没有可比性。如果比较的是互相排斥的项目，则由于资源的限制，实施此项目就会排斥实施彼项目，此时则应优先选择净现值最大的备选项目。

【思考题】

1. 食品工厂建设项目基本建设概算内容是什么？
2. 食品工厂建设项目技术经济分析的内容有哪些？
3. 食品工厂建设项目技术经济分析的指标有哪些？
4. 食品工厂建设项目技术经济分析的方法有哪些？
5. 试对一个食品工厂建设项目进行技术经济分析，列出基本建设概算，计算技术经济指标，分析项目经济效益。

参 考 文 献

[1] 无锡轻工大学/中国上海轻工业设计院编. 食品工厂设计基础. 北京：中国轻工业出版社，2002.

[2] 王维坚. 食品工厂设计. 北京：中国轻工业出版社，2014.

[3] 张国农. 食品工厂设计与环境保护. 北京：中国轻工业出版社，2005.

[4] 王颉. 食品工厂设计与环境保护. 北京：化学工业出版社，2006.

[5] 杨宝进，张一鸣主编. 现代食品加工学. 北京：中国农业大学出版社，2006.

[6] 刘江汉. 焙烤工业实用手册. 北京：中国轻工业出版社，2003.

[7] 李里特，江正强. 焙烤食品工艺学. 第2版. 北京：中国轻工业出版社，2010.

[8] 杨桂馥. 饮料工业手册. 北京：中国轻工业出版社，2002.

[9] 高愿军等. 软饮料工艺学. 北京：中国轻工业出版社，2008.

[10] 崔建云. 食品加工机械与设备. 北京：中国轻工业出版社，2004.

[11] 吴祖兴. 现代食品生产. 北京：中国农业大学出版社，2000.

[12] 藏大存. 食品质量与安全. 北京：中国农业出版社，2006.

[13] 中华人民共和国国家标准. 食品企业通用卫生规范. GB 14881.

[14] 中华人民共和国国家标准. 质量管理体系要求. GB/T 19001.

[15] 国家质量监督检验检疫总局. 关于印发《食品质量安全市场准入审查通则（2004版）》的通知. 国质检监〔2004〕558号文件.

[16] 中国标准出版社. 中国食品工业标准汇编. 北京：中国标准出版社，1999.

[17] 吴佳莉. 肉制品生产. 北京：化学工业出版社，2014.

[18] 孔宝华. 肉品科学与技术. 北京：中国轻工业出版社，2003.

[19] 葛长荣，马美湖. 肉与肉制品工艺学. 北京：中国轻工业出版社，2002.

[20] 蔡健. 乳品加工技术. 北京：化学工业出版社，2008.

[21] 郭本恒. 现代乳品加工学. 北京：中国轻工业出版社，2003.

[22] 杨雨松. AutoCAD2014中文版实用教程. 北京：化学工业出版社，2016.

[23] 李芳. 饮料检验技能实训. 北京：化学工业出版社，2015.